いちからわかる 廃棄物処理法

～基礎から実践まで～

鷺坂長美 著

ぎょうせい

はじめに
―本書の特徴と使い方―

　本書は、企業や自治体で廃棄物関係の担当となった方で、はじめて廃棄物処理法を学ぼうという方々を対象としています。

　廃棄物処理法は難解な法律の一つとされています。扱っている廃棄物の処理が一般の経済活動とは異なるからです。商品の販売であればそれが利益を生むものであり、さらなる販売を考えれば売主はアフターサービスに気を付けなければならないでしょう。いわゆる「性善説」が働きやすい環境にあります。一方、廃棄物の処理はどうでしょうか。できれば費用をかけずに処理し、処理後のことまで気にかけません。「性善説」が働きにくいのではないでしょうか。そのような行為を法律でとらえて規制するためには、抜け穴がないように条文の文言が難解にならざるを得ません。

　また、廃棄物処理法の成り立ちも影響しています。1970年の公害国会で制定されていますが、その後不法投棄対策など規制強化の法改正が頻繁に行われてきました。条文数は制定当時の30条から160条と5倍以上に膨らみ、引用条文も多く、それが施行令、施行規則も絡んでいて、大変読みにくくなっています。廃棄物処理法を読み始めても、巨大な森の中の迷路に迷い込んだように思われます。

　廃棄物処理法の最近の改正をみてみますと、廃棄物処理業者、いわゆる専門家に対しての規制の強化のみならず、廃棄物の排出事業者、普通の経済活動を行っている一般の事業者に対しても、そこからの廃棄物が不適切に処理された場合には厳しくその責任を問う改正が行われています。専門家に任せておけばいいという時代ではなくなっています。ひとたび廃棄物の不適切処理に関係すれば当該会社の信用も大

きく傷つくでしょう。「ひとごと」ではありません。多くの企業関係者に廃棄物処理法について学んでいただきたいと思います。

筆者は2001年から2012年まで環境省に勤務し、2012年から2020年まで早稲田大学で環境法の授業を受け持っていました。現在は、ご縁があって法律事務所（小澤英明法律事務所）で環境法担当の顧問をしていますが、しばしば相談に来られる企業の方々からも廃棄物処理法の難しさについての声を聴きます。本書がそうした方々にとって少しでもお役に立てれば幸いです。

本書は、第1部の序論と第2部の本論に分けています。第1部の序論は現在の廃棄物処理法が制定されていく過程を示しています。第2部の本論は廃棄物処理法の解説です。はじめて廃棄物処理法を学ぼうとする読者には第2部の本論から入ることもお勧めです。一通り現行制度を概観した後に序論に戻ってみてはいかがでしょうか。現行制度にはそれぞれ歴史的経緯があります。より理解を深めることができるのでは、と思います。

また、本文と 深く… として分けて書いています。廃棄物処理法の大要を手軽に把握したい読者には、 深く… は飛ばして本文のみ読んでみてください。本文は、法制度の大まかな骨格とその社会的な背景を中心に書いています。はじめて学ぶ読者にもあまり退屈せず読み進められるのではないでしょうか。社会的な背景を理解することによって廃棄物処理法の成り立ちや仕組みの理解が深まると思います。次に、全体の大要をつかんだら 深く… にも関心を持ってもらえれば、と思います。それぞれ表題をつけてありますので、辞書的に順不同に活用いただくこともできます。また、実務にも役立つように廃棄物の処理基準など施行規則にあるような細目についても解説しています。特に引用条文については、引用される元の条文の概要をかみ砕いて説明しています。いちいち元の条文に戻ることなく読み進められ、条文の理解が

進むのではないでしょうか。法律を読む場合、引用されている元の条文を調べているうちに思考が中断し、わからなくなってしまうことはよくあることです。もちろん、実務で応用する場合には元の条文にあたることは必須です。その際には、『三段対照　廃棄物処理法法令集』（ぎょうせい発行）などが便利です。さらに、問題になりそうな点、誤解を生みそうな点についてはQ&Aを掲げています。Q&Aを読むことで理解をさらに深められると思います。なお、トピックス的な話題はコラムとして掲げてあります。廃棄物関係にとどまらない話題も含めていますので、廃棄物処理の周辺を含め興味を持っていただければ、と思います。

　廃棄物処理法は1970年に制定されていますが、実はその前身となる法律があります。1900年に制定された汚物掃除法と1954年に制定された清掃法です。特に清掃法は現在の廃棄物処理法の原形でもあります。一般の廃棄物処理法の解説にはあまり取り上げられませんが、本書ではそうした歴史的な変遷にも立ち入って解説を加えています。

　なお、本書は、企業の担当者の方々に活用していただきたいということもあり、人が排出する「し尿」に関しては簡潔に記載しています。また、筆者の研究不足により学説に及ぶ部分は既存の教科書等に拠っています。参考文献に掲げた環境法全般を扱っている教科書等です。さらに、本書で意見にわたる部分については筆者の個人的な見解ですし、読みやすくするために端折った部分もあります。読者のご批判をいただければ、幸いです。

　本書の構成です。第1部序論ですが、第1章は「廃棄物、「ごみ」とは」としています。ここでは、「ごみ」とはどういうものかをはじめに説明しています。第2章と第3章は「ごみ法制の歴史」として、第2章では明治の汚物掃除法から戦後の清掃法までを、第3章では廃棄物処理法の制定以降を概観しています。

第4章以下が第2部本論になります。副題を「基礎から押さえる廃棄物処理法」としています。前述したように本文だけで法の神髄、大要がつかめると思います。第4章は「廃棄物とは」として「廃棄物」の定義について説明しています。不要物の説明が主になりますが、廃棄物処理法が適用されるかどうか、という問題ですので、本書の中でも重要な部分です。国からの通知や判例によりその解釈の変遷があり、そのことについても触れています。第5章は「廃棄物処理の基本」として、処理責任の所在等について解説しています。第6章は「廃棄物処理の基準等」です。法の収集・運搬・処分にかかる処理基準やそれらを委託する場合の委託基準等について解説しています。より深く…まで見ていただければ、実務にも役立ちます。マニフェストについてもここで説明しています。第7章は「廃棄物処理業等の許可」です。処理業や処理施設の許認可について一般廃棄物、産業廃棄物に分けて解説しています。第8章は「許可等が不要な大臣認定制度」として、大臣認定を受ければ法の求める許認可が一定程度免除される仕組みについて解説しています。第9章は「輸出入とバーゼル法」です。廃棄物の輸出入にかかる部分について解説しています。第10章は「不法投棄への対応」です。文字どおり不法投棄が行われた場合について解説しています。近年の改正による排出者責任の強化についても触れています。第11章は「有害な廃棄物」です。廃棄物処理法以外にその処理のための特別措置法が設けられているものなど、PCB、アスベスト、水銀、ダイオキシン類について取り上げています。第12章は「災害廃棄物」として東日本大震災を契機に整備された法律等について説明しています。第13章は「リサイクルの推進」です。循環型社会形成推進基本法と各種リサイクル法について取り上げています。リサイクルはそれぞれの業界等で関わっていますが、ここでは、廃棄物処理法の理解に役立つ範囲で、ということで基本的な概要のみを示すにとど

め、詳細説明は割愛しています。

　また、本書で取り上げた法律は基本的に略称で記載していますが、正式名称はその法律がはじめて出てくるとき、又はその法律について解説するときに括弧書き等で記載しています。

　2022年4月

鷺坂　長美

参考文献

大塚直『環境法BASIC（第3版）』有斐閣、2021年

北村喜宣『環境法（第5版）』弘文堂、2020年

鷺坂長美『環境法の冒険』清水弘文堂、2017年

西尾哲茂『わか〜る環境法（増補改訂版）』信山社、2019年

北村喜宣『廃棄物法制の軌跡と課題』信山社、2019年

北村喜宣『企業環境人の道しるべ—より佳き環境法のための50の視点』第一法規、2021年

溝入茂『明治日本のごみ対策』リサイクル文化社、2007年

溝入茂『ごみの百年史　処理技術の移りかわり』學藝書林、1987年

溝入茂『廃棄物法制　半世紀の変遷』リサイクル文化社、2009年

堀口昌澄、日経エコロジー『事件に学ぶ廃棄物処理法』日経BP、2016年

堀口昌澄『かゆいところに手が届く　廃棄物処理法虎の巻（2017年改訂版）』日経BP、2017年

佐藤泉『廃棄物処理法重点整理　弁護士の視点からみる定義・区分と排出事業者』TAC出版、2012年

廃棄物処理法編集委員会『廃棄物処理法の解説（令和2年版）』日本環境衛生センター、2020年

龍野浩一『これは廃棄物？だれが事業者？お答えします！廃棄物処理（改訂第3版）』第一法規、2021年

長岡文明『どうなっているの?廃棄物処理法　BUNさんといっしょに考える（第3版）』日本環境衛生センター、2012年

長岡文明・尾上雅典『廃棄物処理法の重要通知と法令対応（改訂版）』クリエイト日報、2022年

瀬田公和・江利川毅『逐条解説廃棄物処理法』帝国地方行政学会、1972年

城祐一郎『特別刑事法犯の理論と捜査(2)』立花書房、2014年

廃棄物法令研究会『ポリ塩化ビフェニル廃棄物の適正な処理の推進に関する特別措置法逐条解説・Q&A』中央法規、2002年

西尾哲茂『ど〜する海洋プラスチック』信山社、2019年

目　　次

凡　例

本書では、「廃棄物の処理及び清掃に関する法律」を、「廃棄物処理法」と略称で記載しています。また、文章の末尾等の根拠法令をかっこ書で示す場合は、次の例のとおりです。

・廃棄物の処理及び清掃に関する法律・・・・・・・・・・・・・・・・・・・・法
・廃棄物の処理及び清掃に関する法律施行令・・・・・・・・・・・・・・令
・廃棄物の処理及び清掃に関する法律施行規則・・・・・・・・・・・・則

第 1 部

序　論
―廃棄物処理の歴史―

第**1**章

廃棄物、「ごみ」とは

「ごみ」について考えてみよう

　はじめに「ごみ」について考えてみましょう。人が生活をしていく、生きていく上で「ごみ」は必ず出てきます。したがって、人は「ごみ」と古くから付き合ってきたと言えます。「ごみ」とは「いらなくなったもの」のことですから一般的には捨てられます。捨てられた物は無主物となりますので、誰もそれを支配しよう、管理しようとはしません。野ざらしにもなります。人口も少なく、捨てる場所もたくさんあるような時代は、「ごみ」が捨てられても、いずれ自然の力で分解し、土にかえるなど問題になるようなことはなかったでしょう。しかし、人口が集中し、人が生活している中に「ごみ」が山積みになるようになれば、様々な問題が出てきます。分解の過程で腐敗し、悪臭による生活環境上の問題を引き起こすこともあるでしょう。細菌による感染や衛生上の問題も引き起こし住民の健康に影響を及ぼすことも出てくるでしょう。

　廃棄物処理法を見てみますと「廃棄物」の定義規定があります。大括りでは「汚物又は不要物」とされています。「廃棄物」の廃棄という言葉にはすでに捨てる、捨てられるという意味が入っていますが、いってみれば「不要なものとして捨てられたもの」「いらなくなって捨てられたもの」です。不法投棄禁止の規定には「何人も、みだりに廃棄物を捨ててはならない」とされています。廃棄物処理法ではそこのところのルールが定められています。つまり、廃棄物を捨てるには「ルールに従って行いなさい」「ルールに従って処理しなさい」ということが規定されています。

　こうした「ごみ」についてのルール、「ごみ」を捨てる、処理する場合の決まりは江戸時代から奉行所のお触れなどにも現れていますが、本格的に定められたのは近代国家になってからです。1900年に

は汚物掃除法が制定されています。これは明治維新により日本が開国したことによって入ってきた伝染病対策の一環です。コレラの大流行に続き、ペストの流行も影響しています。第二次世界大戦後になりますが、1954年に清掃法が制定されます。戦後復興から高度成長と日本経済の躍進に合わせ廃棄物が量的にも質的にも増大した時です。「ごみ」の不法投棄が増え、悪臭の増大のみならず蚊やハエなどの被害も発生し、公衆衛生対策の一環として制定されています。そして1970年、廃棄物処理法（廃棄物の処理及び清掃に関する法律）の制定です。廃棄物による公害問題への対処、特に企業活動から排出される産業廃棄物対策に力点をおいています。

　2000年に循環型社会形成推進基本法が制定されます。廃棄物の扱いも、適正処理から廃棄物の減量化、リサイクルへと進みます。循環型社会の形成は気候変動問題への対応ともからみ、21世紀の世界の課題となっています。廃棄物処理法の中にもリサイクル関係の規定が含まれるとともに各種の個別リサイクル法が制定されていくことになります（**図表1－1**）。

図表1－1　廃棄物問題の変遷

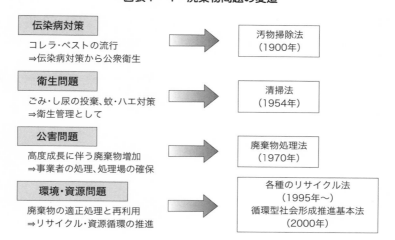

江戸の町では

　江戸は徳川幕府によって政治的に作られた町です。当初は人口も多くなかったのでしょう。江戸の町における庶民の「ごみ」は、自分の屋敷内に埋めたり、空き地に捨てたり、川に投棄するなどして処理していたようです。長屋の裏に「会所地」という公的な集会ができるような場所が設けられていましたが、こうしたところを「ごみ捨て場」として利用したようです。付近の住民が悪臭や蚊やハエに悩まされたと言います。当時から奉行所では会所地へのごみ投棄を禁止するお触れを出しています。

　1655年に深川の永代浦を「ごみ捨て場」に指定しています。「ごみ」のもって行き場をということだったのだろうと思います。江戸の「ごみ」は、それぞれの町ごとに舟で深川に運んで、「ごみ捨て場」の土地の造成に活用したと言います。当初はそれぞれの町が舟を雇ったりしていたようですが、1662年には幕府の許可を得た処理業者が「浮芥定浚組合（うきあくたじょうざらいくみあい）」の鑑札をもらい一定の場所に集められた「ごみ」を処理するようになりました。許可を受けた船で永代島に運んで捨てたと言います。このころから江戸の町の庶民の「ごみ」はいわゆる長屋の共同利用しているごみ溜めから大家が管理している複数の借家のごみ溜め、それぞれの町で管理する大芥溜りに集められ、そこからごみ取り船によって運ばれ永代島のような指定された場所で埋め立てられました。今でいう収集・運搬・処分にあたります。

第**2**章

Chapter 2

ごみ法制の歴史
～明治から戦後復興期まで～

廃棄物を扱う最初の法律〜汚物掃除法〜

　明治になって諸外国との貿易が本格的に始まりますが、それに伴い、いろいろな伝染病も日本国内に入ってきました。廃棄物を扱う最初の法律、汚物掃除法が制定されるのは1900年ですが、コレラなどの新しい伝染病に悩まされているころです。コレラの最初の流行は1877年ですが、その後コレラは数年おきに流行し、1886年の大流行においては患者数16万人、死者も10万人を超えたと言います。当時の明治新政府は、地方行政制度が十分整備されていない中、1879年には「コレラ病予防仮規則」^(注1)という太政官布告を発し、芥溜や厠等に掃除清潔の方法を施行すべし、としています。

　当時、伝染病に関しては、コレラのみならず腸チフス、赤痢、ジフテリア、発疹チフス、痘瘡などの影響も深刻でした。市制、町村制、府県制などの地方制度の整備に合わせ、それまでの伝染病対策の集大成として1890年に内務省訓令として「伝染病予防心得書」^(注2)が発出されています。そして1896年に本格的な伝染病対策として伝染病予防法案、下水法案、塵芥汚物掃除法案が中央衛生会に諮詢され、伝

(注1)「コレラ病予防仮規則」（明治12年6月27日太政官布告第23号、明治12年8月25日太政官布告第32号）は、コレラに関する体系的な規則で、患者の届出報告、病院や患者の扱いに関すること、祭礼等の事業の差し止め、患者の運搬、死体の処置等について定められています。なお、規則21条では「コレラ病流行の際その地方庁においてはなるべく各種の消毒薬の値を一定にし、一般に買い求めやすからしむるの方法を設くべし」とされています。2020年の新型コロナウイルスの流行時においてマスクや手指消毒剤の品切れ問題に通じるような規定です。

(注2)「伝染病予防心得書（明治23年10月10日内務省訓令第668号）」は、緊急時のみならず平常時における予防方策の在り方にも触れています。特に1条では「市町村においては便宜衛生組合を設け、清潔法、摂政法その他伝染病予防の事につき規約を立てこれを履行するを要す」とし、地方制度の整備に伴い市町村において対処すべきことが記載されています。なお、衛生行政の組織としては、1875年には早くも内務省に衛生局が設置されていますが、1879年にはコレラの大流行に対し、中央と地方に衛生のことを議論する衛生会が設けられ、地方組織にも府県衛生課など衛生組織が整備されていきます。

染病予防法は1897年に、下水法案と塵芥汚物掃除法案は名称をそれぞれ、下水道法、汚物掃除法として1900年に成立します。

　汚物掃除法は本文9条の大変シンプルな法律ですが、汚物の定義を明らかにし、それまで汚物の掃除や処分の責任が明確でなかったものを明らかにしたことは、大変大きな意味を持つものでした。

汚物掃除法の制定

　伝染病予防法は中央衛生会の答申から比較的スムーズに法律として成立しましたが、塵芥汚物掃除法案については「塵芥汚物より生ずる収入は市町村の所得とする」とされていたことが問題となり成立が遅れました。当時、ごみや特にし尿については農家の肥料等になくてはならないものであり、芥溜や厠の管理者である大家がそれらを売却して利益を得ていました。ごみやし尿からの収益がなくなれば家賃にも跳ね返るという意見も出たようです。そこで、法律では市による汚物処分の収入は市の所得としながら（汚物掃除法4条）、規則において、市の汚物処分義務をし尿については当分適用せず事実上これまでどおり掃除義務者である大家が処分、売却して収益を得てもよいように定められました（汚物掃除法施行規則附則22条）。

　下水法案については、地方の財政事情も勘案し対象を大都市に限定し、さらに、排水路すべてではなく管路等を対象にすることで、法案名も下水道法となりました。大都市以外の下水管理（管路以外）は汚物掃除法の対象となりました。

　なお、塵芥汚物掃除法案から変遷して汚物掃除法案の制定までの過程については溝入茂氏の論文「明治前期の廃棄物規制と『汚物掃除法』の成立」に詳述されています。

汚物掃除法の概要

　汚物掃除法の概要を見ていきましょう。はじめに「汚物」の定義ですが、法律ではなく規則で定められ、塵芥、汚泥、汚水、屎尿とされています（1941年改正で灰燼を追加）。時代の変化により柔軟に対応しようという思いもあったと言われています。

　次に汚物の掃除と清潔の保持についてです。まずその地域的な範囲ですが町村まで対象とする必要はないということで市内とされています。そのうえで、土地の所有者等を第一の義務者と位置付け、市にも第二次的に義務付けをしています（汚物掃除法1条、2条）。また、収集した汚物は市が責任をもって処分することとし（同法3条）、処分方法については、汚物を一定の場所に運搬して塵芥はなるべく焼却することとされています（同規則5条）。江戸時代から明治初期にかけて、ごみも肥料や飼料になり燃料利用以外は燃やすものではありませんでした。しかし明治初期に流行したコレラ等の伝染病対策では、予防のためには芥溜りのごみ等は衛生上からもなるべく焼却するようにとされています（伝染病予防心得書）。法案はその延長線上で検討されたと考えられます。汚物掃除法の制定以降、ごみは焼却処分を基本とし、その義務は市にあるとされました。当初は埋立て地等で露天焼却が行われていたと言いますが、水分が多いために燃えにくく、ばい煙等の問題があったようです。1924年に東京地区ではじめての焼却施設、大崎塵芥焼却場が建設されます。1929年に深川塵芥処理工場が完成し本格的な焼却処理がはじまります。

　その他の規定として、汚物掃除法の実効性の担保のための規定もあります（同法5条〜8条）。地方長官(注3) は汚物掃除の実況を監視するための吏員を置かせ、その吏員には監視のための立ち入り権限を持たせています。また、本法による私人の義務が履行されないときには、当該吏員においてこれを履行し、その費用については義務者より徴収することができるとされています。また、公共溝渠に塵芥土石を投棄した者又はし尿を注流したる者は10日以

（注3）　地方長官とは戦前の府県制下における国の地方行政官庁で府県知事のことです。北海道長官、戦時中の東京都長官も含みます。府県制では国の行政区画が地方公共団体の区域とされ、府県知事は国の機関として国の官吏があてられました。

下の拘留または1円95銭以下の科料に処す（同規則17条）、とされていま
す[注4]。不法投棄に対する罰則につながる規定と言えます。

　なお、1930年の改正で、市は汚物処理に関して義務者よりし尿の汲み取
り・運搬の手数料や塵芥容器の使用料を徴収できるという規定が追加されて
います（同法4条ノ2、同規則8条ノ2）。

2　戦後の廃棄物規制の始まり〜清掃法〜

　戦後の廃棄物の処理は汚物掃除法の枠組みの下、基本的に市の責任
で進められてきました。しかし、戦後復興が進み、経済が発展し、都
市への人口集中が進むと都市ごみへの対応が社会問題となってきま
す。もはや汚物掃除法では対応できません。当時は多くのごみが埋立
てによって処理されていましたが、都市近郊での適地は飽和状況で、
野積みしたごみからの蚊やハエの発生などは衛生問題を引き起こして
いました。焼却施設も戦災や老朽化等で少なくなっていて新たな設置
も遅々として進まない状況です。ふん尿も化学肥料の普及等により農
村還元は限界にきていました。このまま放置することはできず、新し
い清掃事業の体系が望まれていました。

　当時の日本経済は戦後の混乱期にあり、インフレ抑制のためドッジ
ラインによる引き締め政策がとられていました。地方財政もその一環
で1949年の地方分与税の税率は半減され、市町村財政は困難を極め
ていました。特に清掃業務に関しては十分な財源を確保することがで

（注4）　この規定については1930年の改正でさらに強化されています。具体的には規
　　則4条ノ2で「し尿は公共溝渠、下水道または河川、運河、池沼等公共の用に供する
　　水面にこれを放流することを得ず」とし、規則17条で「第4条ノ2の規定に違反し
　　たる者は百円以下の罰金または拘留若しくは科料に処す」とされ、さらに、規則17
　　条ノ2で「左に掲げる者は拘留または科料に処す」として、塵芥を公共の用に供する
　　水面又は地域に投棄したる者や土石を下水道等に投棄したる者があげられています。

きず、市町村からも清掃業務に関する国の援助、関与が強く望まれた
ところです。1950年には、シャウプ勧告により、地方の財政需要を
確保すべく地方財政平衡交付金が創設されますが、総額が圧縮された
うえ清掃業務関係の積算も地域の実情を踏まえたものではなく、地方
団体側から不満の声が出ていました。

　また、ごみの不法投棄への対策も急務でした。戦後の混乱を引き継
いでごみ箱等も不足していました。ごみを捨てやすいところに捨てる、
道路の棄損しているところなどへ投棄することが横行しました。汚物
掃除法の不法投棄に関する規定では不十分です。社会を律するのに罰
則の強化で担保するのはどうかという議論もあったと言いますが、不
法投棄問題についてはそうとも言えない状況が続いていました。

　そのような中で1954年清掃法が制定されます。前年、議員立法で
廃案（衆議院の解散による）になったものを踏襲して政府で提案され
た法律です。公衆衛生の向上を目的とし、特別清掃地域等の清掃義務
を明らかにするとともに、不法投棄等に対する罰則も設けられていま
す。清掃事業に対する財政的支援の規定も盛り込まれた法律です。

> より
> 深く…

清掃法の目的、汚物の定義等

　清掃法では、法の目的を明確にするため、新たに目的規定（清掃法1条）
を設け、「汚物を衛生的に処理し、生活環境を清潔にすることにより、公衆
衛生の向上を図る」こととされました。

　また、「汚物」の定義は、法律の対象範囲を明確化する意味もあり規則に
委ねるのではなく、法律で定義されました。「ごみ、燃え殻、汚泥、ふん尿
及び犬、ねこ、ねずみ等の死体」（同法3条）とされました。

　そして、国と地方公共団体の責務規定（同法2条）を設け、清掃事業の市
町村責任を明らかにし、清掃思想の普及、職員の資質の向上、施設整備、作
業方法の改善を図ることとされました。国と都道府県の技術的援助、さらに

国の財政的援助も規定されました。特に国の財政的援助については、ごみ処理施設等に対する国庫補助の規定（同法18条）や特別な資金の融通等の規定（同法19条）も設けられました。国庫補助の創設については清掃法制定を求める清掃関係者の悲願でしたのでその期待は大変大きなものがありました。しかし、具体的に政令で定められたのは、補助対象がし尿浄化そうに限られ、しかもその補助割合は4分の1というものでした。関係者に不満が残ったと言います。補助要望はその後も続くことになり、1962年の政令改正でし尿浄化そうの補助率が3分の1に改善されています。

清掃義務等

　法律における清掃の対象区域は「特別清掃地域」として、原則特別区と市の区域としています（清掃法4条）。汚物掃除法の実態を承継したと考えられますが、人口が集中し産業構造も複雑になり、汚物の発生量も多くなる都市的形態の地域を対象としたものです。したがって特別区や市の区域でもそこまでの都市的形態を示していない周辺区域を除外することや、町村の区域でも人口密度等から都市的形態を示す区域を対象区域にできる、という規定が設けられています。

　特別清掃地域の汚物については、土地・建物の占有者（占有者がいない場合は管理者）に掃除と清潔の保持が義務付けられ（同法5条）、そのうえで、市町村は集められた汚物を収集して処分することが義務付けられています（同法6条）。土地・建物の占有者を第一義的に清掃の義務者としたのは、生活環境の保全について汚物掃除法では市当局の義務が強調されがちであったことから、住民自体の義務をはじめに規定したと言います。なお、この義務は罰則で担保するものではありませんが、行政代執行の対象になり得るとされています。

　次に市町村の義務についてですが、市町村の収集・処分は、一定の計画に従ってしなければならない、政令で定められた基準に従い衛生的に行われなければならない（同法6条1項）、とされています。現在の廃棄物処理法の収集・運搬・処分の基準につながるものと言えます。

　また、この計画を定めるにあたっては、特別清掃地域の全部にわたって、地域全体が環境衛生上良好な状態を保持するようにすることが求められてい

ますが、市町村の処理能力を踏まえた合理的な計画で十分であるとされています。当時の市町村の清掃事業が財政的にもマンパワー的にも仕事量の増大に追いつかない状況を反映しているものと考えられます（同法6条2項）。そのうえで、当該区域の住民にも一定の役割が求められており、「汚物のうち焼却、埋没等の方法により容易に衛生的に処分できる汚物はなるべく自ら処分する」、「自ら処分しない汚物についても、食物の廃棄物とその他のごみを格別の容器に集める等、市町村の収集及び処分に協力する」とされています（同法6条3項）。

　さらに、多量の汚物が生ずる土地・建物の占有者にはその汚物を衛生的な方法で指定する場所への運搬や処分を命ずることができるとされています（同法7条）。これは汚物の量が市町村の処理能力を超えるようなときの規定で、市町村の処理責任の外にあるものではない、とされます。現在の廃棄物処理法では産業廃棄物の処理責任について別途規定したことにより一般廃棄物の運搬についてのみ指示することができるとされています。また、清掃作業を困難にし、清掃施設を損なうおそれのある特殊な汚物を生ずる工場・事業場等の経営者には、汚物について必要な処理をし、衛生的な方法で指定する場所への運搬や処分を命ずることができるとされています（同法8条）。市町村が処理しえない特殊な汚物、例えば有毒物を含む燃えがら等を原因者に処理させる規定です。現在の廃棄物処理法の産業廃棄物についての排出事業者責任につながる規定ともいえます。

　また、公園等の公共の場所における清潔保持のため、特別清掃地域内の必要な場所には公衆便所や公衆用ごみ容器を設け衛生的に維持しなければならない、とされています（同法9条）。

　特別清掃地域以外の場所であってもスキー場や海水浴場等、季節的に多くの人の集まる場所については、環境衛生上の見地から必要な場合には、期間、区域を定めて「季節的清掃地域」としてこの法律の対象区域として指定できる規定もあります（同法10条）。ただし、これらの区域は一定の施設よりなる場所であることから施設の管理者である土地・建物の占有者が主たる義務者となり、市町村の義務は準用されていません。

不法投棄の禁止と規制等

　地域的には一定の限定がありましたが、汚物の投棄禁止、不法投棄についての規定も設けられました（清掃法11条）。「何人も、みだりに左に掲げる行為をしてはならい」とし、①特別清掃地域、季節的清掃地域やその地先海面（海岸から200m以内）で汚物を捨てること、②下水道等の公共の水域にごみ又はふん尿を捨てること、③一定の海域にふん尿を捨てることが禁止されました。この規定の「みだりに」というのは「社会通念上捨てるべからざる場所に環境衛生上の支障を生ずるような方法によって捨てること」とされており、前述したように法律で罰則を新たに設け、不法投棄を禁止しようとするものです[注5]。なお、ふん尿については肥料として使用する場合の基準も定められています（同法12条）。

　清掃施設の規制としては、し尿浄化そうについて届出制とし、市町村が主に設置するし尿消化そうを含めて維持管理基準が定められ、処理が不十分であるときには使用禁止等の行政処分ができる規定が設けられました。そして、これらの施設の維持管理について指導監督を行うため都道府県の立ち入り検査権も設けられています（同法13条、14条）[注6]。

　特別清掃地域内の汚物の収集・運搬・処分はその市町村に義務が課せられていますが、すべてを直営で行うことは困難です。そこでその業務を代行する者を許可制（汚物取扱業）として、市町村の汚物処理計画との整合性を図ることとされました。汚物取扱業の許可条件、手数料、処理方法等について定めるとともに、許可の取消し等についても定めています（同法15条）。

　また、建物の占有者は毎年一回以上市町村の計画に従い大掃除をしなけれ

(注5) 軽犯罪法（昭和23年制定）において「公共の利益に反してみだりにごみ、鳥獣の死体その他の汚物又は廃物を捨てた者」は拘留又は科料に処するとされていましたので、清掃法の規定は軽犯罪法の特別法という位置付けになります。

(注6) 「し尿浄化そう」とは水槽便所に附属するふん尿処理施設でふん尿を生物化学的作用によって浄化させる装置のことをいい、「し尿消化そう」とは汲み取ったふん尿を嫌気性菌の作用によって消化する施設のことを言います。し尿消化そうは主に市町村が設置することから届出の対象とはしていません。また、し尿浄化そうの設置については、建築基準法による建築主事の確認申請をすべき場合はこの限りにあらずとし、届出の対象外としています。したがってその設置の構造基準は建築基準法令の中で定めることとしています。

ばならない、とされています（同法16条）。この場合は特別清掃地域内に限らず全地域に適用されます。さらに、し尿浄化そう等の維持管理や清掃の指導・監督を行う職員として、都道府県・保健所設置市に環境衛生指導員を置くこととされています（同法17条）。

　なお、不法投棄や法による規制に対する罰則も設けられます（同法21〜26条）。法人等の業務に関して違反行為が行われた場合はいわゆる両罰規定、行為者を罰するのみならずその雇い主である法人等も罰する規定も設けられています。

コラム

シャウプ勧告

　シャウプ勧告とは、戦後民主化の一環として日本の租税制度についてなされた日本税制使節団の報告書のことです。コロンビア大学のシャウプ教授を団長とすることからシャウプ勧告と言われています。地方自治体の財政力の脆弱性を改めるため、それまで、国税の付加税とされていた地方税体系について国税には依存しない独立税を中心とするとともに、国税に連動して配付する分与税を廃止し、地方での財政需要に見合った地方財源を確保するための地方財政平衡交付金制度を提唱しました。地方財政平衡交付金法は1950年に制定されました。理想としたところは地方で必要な財政需要を確保することでしたが、現実の制度運用では、前年度の分与税の総額を目安に地方の財政需要が圧縮されたと言います。地方の財政需要をめぐる国と地方の対立が激しくなり、1954年に制度改正が行われました。国税の一定割合を地方財源とする現行の地方交付税制度です。

コラム　清掃法の汚物について

　汚物掃除法ではその規則で「汚水」は汚物の一つとされていましたが、清掃法では除かれています。汚水は他のごみとは異なり収集・運搬の必要性が薄いこと、汚水の処理施設として考えられていた溝渠も下水道法制のもとで在来の下水路と統一的に規定した方が適当であること、汚水の及ぼす環境影響に対してはむしろ公害関係法で規定した方が適切であること等が考慮されました。ただし、公害関係法であるいわゆる水質二法（公共用水域の水質の保全に関する法律、工場排水等の規制に関する法律）の制定は1958年です。

　また、「塵芥」という用語を「ごみ」にしています。これは漢字の使用制限という用語の問題ではありますが、清掃法には「ごみ」の定義がないこともあり、法の運用において不要なものをかなり広範に「ごみ」ととらえられていくことになります。「犬、ねこ、ねずみ等の死体」には鳥類・魚類の死体も含んでいます。当時よく放置されていた犬、ねこ、ねずみが例示にあげられています。

コラム　国の補助金と三位一体改革

　清掃法制定時に補助対象として明記されなかったごみ処理施設への補助については、その後予算上の措置として補助率4分の1で行われていましたが、政令に位置付けられたのは廃棄物処理法の成立を待つことになります。廃棄物処理施設に対する補助金は2005年のいわゆる「三位一体の改革」において循環型社会形成推進交付金として交付率3分の1に改められました。「三位一体の改革」では、国からの補助金、税源の地方への移譲、地方交付税の改革を一体として行おうとするものでしたが、廃棄物処理施設整備の補助率が他の補助金に比べて低く、議論の対象になりました。清掃関係者の悲願であった国庫補助が当初から十分でなく、その後の補助率の改善も遅々として進まなかったことが影響しているかもしれません。

第**3**章

Chapter 3

ごみ法制の歴史
〜廃棄物処理法の制定以降〜

1 法律の制定前

　戦後復興から高度経済成長に伴い都市部に人口が集中し、大量のご
みが発生しました。1954年に成立した清掃法を踏まえ市町村は清掃
事業の実施主体としてごみの衛生的な処理に努めます。ごみの埋め立
て可能な土地も少なく、焼却処理が中心となりますが、焼却施設の建
設には多大の財政負担が伴い、なかなか進みません。そうしたことか
ら政府としては1961年に「汚物処理施設10か年計画」を策定して計
画的な焼却施設建設に取り組むことになりました。しかし、10年と
いう長期の計画では増大するごみの処理に追いつけないことは明白で
す。さらにプラスチックごみの問題も発生します。焼却時の発熱量が
増えて計画していた焼却炉では不十分ということです。結局、ごみの
焼却が追い付かずそのまま処分場へもっていかざるを得ないケースも
でてきていました。

　住民と密接な関係のあるし尿や家庭ごみは、市町村の清掃事業の中
で処理されていましたが、経済成長に伴いごみの処理量は増えるばか
りでした。1968年からの2回の施設整備5か年計画で処理施設の建設
も進められていましたが、ごみの量に追いつかず不衛生な処理もなか
なか解消しなかったと言います。特にごみの処理施設から排出される
焼却残さの量も増し、その処分に必要な最終処分場の確保が極めて困
難な状況でした。耐久消費財でいらなくなったものはいわゆる「粗大
ごみ」になりますが、その処理にも困難が伴ったと言います。

　一方、事業場から排出されるいわゆる事業系の廃棄物については、
清掃法に「多量な汚物」又は「特殊な汚物」として、市町村が命令を
発して事業者に処理させる仕組みはありました。しかし、実態は排出
者任せです。そのうえ多くが事業者自ら処理するのではなく、委託処
分で、委託を受けた業者がどのように処分しているか、ほとんど明ら
かではありませんでした。

　経済活動の拡大により廃棄物の量の増大は避けがたいものがあります。特に日本では狭い地域の中で経済社会活動を営んでおり、高度経済成長の中で廃棄物の増大が地域の環境汚染を深刻化させていました。例えば、事業者から排出される木くずや紙くず、多くは市町村の清掃事業の中で処理されていましたが、そのため清掃事業全体への負担が大きく、家庭ごみの処理に支障が生じるのではないか、と危惧されていました。また、廃油、廃酸等の不法投棄による公共水域の汚染や有害物質による中毒事故など事業系の廃棄物の不適切な取扱いによる環境汚染、公害問題も生じていました。

　新たな法制度が望まれました。特に事業系の廃棄物に関する法制度の整備が急務でした。1970年12月1日に生活環境審議会の答申を受けた法案がいわゆる「公害国会」と言われた第64国会に提案されます。「廃棄物の処理及び清掃に関する法律」です。12月18日に可決成立し、25日に公布されます。廃棄物処理法、廃掃法とも略されるものです。

より深く…

ごみ処理施設の整備

　ごみの焼却施設の整備については、10か年計画が策定されていましたが、政府全体で責任をもって建設を進めるためには、法的裏付けをもった計画が求められました。1963年政府提案として「生活環境施設整備緊急措置法（案）」が国会に提出されます。一度は審議未了で廃案になりましたが同年12月には成立します。計画期間は5年です。法律に基づく生活環境施設（し尿又はごみを処理するための施設のほか公共下水道や都市下水路も含みます）の整備5か年計画（1963年〜）が策定されます。計画においてごみ焼却施設の整備方針が定められ、各都市において焼却施設の建設が全国的に始まります。5年後の法の見直しで、し尿処理施設とごみ処理施設に特化した清掃施設整備緊急措置法が1968年に制定され、それぞれし尿処理施設整備5か年計画、ごみ処理施設整備5か年計画（1968年〜）が策定されます。

生活環境審議会答申

　1969年7月厚生大臣から生活環境審議会に対して「都市・産業廃棄物に
かかる処理処分の体系及び方法について」諮問され、翌年7月に答申が行わ
れています。廃棄物の現状とその背景を分析し、今後の廃棄物の処理対策に
ついて具体的に明らかにしました。画期的な答申です。答申では、膨大な廃
棄物がきわめて狭小な地域から排出されている日本の廃棄物問題の特異性を
踏まえ、それぞれの地域社会における処理施設の拡充や処理技術の高度化の
みならず、広域的な廃棄物処理対策を講ずる必要があると指摘しています。
そのうえで、特に産業廃棄物については、①排出者である事業者の処理責任
を明確にすること、②都道府県等を主体とする広域的な処理を実施する必要
があること、③廃棄物の収集・運搬・処分の基準を整備する必要があること、
などを提案しています。

東京ごみ戦争

　東京都杉並区と江東区の間のいわゆる「東京ごみ戦争」は清掃法時代に
発生した象徴的な事件です。杉並区では、ごみ焼却場が住民の反対で建設
の見通しが立たなかったところ、区内のごみを中間処理（焼却等）せず江
東区の最終処分場へ搬入しようとしました。それを江東区側が拒否して大
きな社会問題となりました。すでに1965年ごろには江東区側の埋め立て
地でハエが異常発生しており、その衛生環境が問題とされていたこともそ
の一因です。1974年に杉並区焼却場の建設について東京都と住民側の和
解が成立したことで終息に向かいました。

法律の名称について

廃棄物処理法は新法の制定ではなく、清掃法の全面改正という形式で改正されています。これは、廃棄物処理法の対象である「廃棄物」が清掃法の対象であった「汚物」と基本的に同じであることから新法とはしなかったと言います。しかし、改正法では、清掃法の清潔の保持という考えを発展的に生活環境の保全ということにし、法律名も改正することにしました。政府提案では「廃棄物処理法」という名称でしたが、それまでの清掃事業も新法の対象であるということで「廃棄物の処理及び清掃に関する法律」となりました。

2 成立した廃棄物処理法の概要

1970年に成立した廃棄物処理法の主な特徴は以下のとおりです。

① 廃棄物を一般廃棄物と産業廃棄物に区分し、それぞれについて処理体系を整備したこと

② 一般廃棄物については、清掃法の市町村清掃事業の処理体系を踏襲したこと

③ 産業廃棄物については、事業者責任、排出者責任の原則を確立するとともに、都道府県にも責務を負わせたこと

④ 産業廃棄物の収集・運搬・処分に関する基準を定めたこと

⑤ 都道府県が産業廃棄物に関する処理計画を策定することとしたこと

このように廃棄物処理法では、事業活動によって生じた廃棄物は事業者が自らの責任において処理するという考え方（旧法3条）[注7]が

(注7) ここで引用される条文は1970年に成立した当時の廃棄物処理法の条文です。現在も残っている条文もありますが、旧法としています。

示されました。いわゆる排出事業者責任の原則です。清掃法では明らかでありませんでしたが、この原則の確立で今後の廃棄物対策が大きく前進していきます。そのため、事業活動によって排出される産業廃棄物についてはその定義が明確にされました。一方、それ以外の廃棄物については一般廃棄物として整理することになりました。具体的には「事業活動に伴って生ずる廃棄物のうち、燃え殻、汚泥、廃油、廃酸、廃アルカリ、廃プラスチック類その他政令で定める廃棄物」を産業廃棄物とし、それ以外のものは一般廃棄物とされました（旧法2条2項）。したがって、たとえ事業活動によって排出される廃棄物でも産業廃棄物の定義から漏れたものは一般廃棄物ということになります。清掃法の時から商店街の事務所等から排出される紙くず等は事業活動に伴うものでも市町村が清掃事業の中で処理してきましたが、そういった処理体系が踏襲されています。ただし、大量に紙くずを出す製紙業等からの紙くずについては産業廃棄物と整理し、排出事業者責任において事業者にその処理責任を負わせています。

　また、廃棄物の量の増大にも対応しなければなりません。そこで清掃法では触れていなかった廃棄物の「減量」についても触れることとなりました。つまり、事業者が、①その事業活動によって生じた廃棄物を再生利用してその減量化に努めること、②物の製造等に際しても、製品を捨てるときに適正処理ができるようにしなければならないことなどを定めています（旧法3条2項）。②はいわゆる拡大生産者責任の先取りと言えます。環境政策の一つとして世界的にもあまり言及されていないときでしたので画期的な条文といえるでしょう。

　次に、一般廃棄物の処理についてです。清掃法では都市区域を中心とする特別清掃地域に清掃の範囲を限定していましたが、原則的に全国に広げました（旧法6条）。そこで市町村の負担があまり大きくならないよう、家庭ごみの排出者である住民に対しても①なるべく自ら処分

するように努める、②可燃物と不燃物を格別の容器に収納する、③粗大ごみを所定の場所に集める、など市町村の行う収集・運搬・処分に協力しなければならないという規定も設けられました（旧法6条4項）。また、清掃法同様手数料を徴収できるという規定（旧法6条6項）もあります。清掃法の汚物取扱業と同様、一般廃棄物処理業を許可制とし（旧法7条）、新たにし尿浄化槽清掃業も許可制としています（旧法9条）。

　産業廃棄物の処理については、事業者が自ら処理しなければなりません（旧法10条）。自ら運搬・処分するか産業廃棄物処理業者に運搬・処分させなければならない（旧法12条）とされました。従うべき運搬・処分や運搬までの保管の基準も定められています（旧法12条2項、3項）。また、都道府県の責務として知事は産業廃棄物の処理計画を定めなければならない（旧法11条）とされました。この処理計画では、産業廃棄物について処理施設の設置、運搬・処分の場所等の基本的事項を定めることになっていますが、これまで明らかでなかった、どのような廃棄物がどれほど排出されるか、ということを前提に定めることとされています。これまで市町村任せであったごみに関する行政に都道府県も大きく関与することになります。清掃法の全面改正の眼目の一つです。なお、産業廃棄物についても業としてその処理をするには高度の知識技能が必要です。産業廃棄物処理業についても許可制とされました（旧法14条）。産業廃棄物の処理施設については届出制ではありますが、維持管理について基準を設け、基準に適合しない場合は使用停止を命ずることができるなどとしています（旧法15条）。

　雑則として、不法投棄禁止の規定（旧法16条）[注8]やふん尿の使用

(注8) 不法投棄禁止の規定は、当初は清掃法の考えを踏襲し、一般廃棄物は市町村の廃棄物処理計画区域内や河川等の公共水域等にみだりに捨てることを禁止し、産業廃棄物についてはあらゆる場所でみだりに捨てることを禁止する、と分けて規定されていましたが、1976年改正での手直しの後、不法投棄は全面的に禁止ということで、1991年改正で現在の「何人も、みだりに廃棄物を捨ててはならない」という規定になっています。

制限の規定（旧法17条）も清掃法を踏襲しています。一方、法律の実効性を強化し廃棄物の処理に万全を期すため、都道府県知事や市町村長の報告徴収権（旧法18条）や立入検査権（旧法19条）は清掃法より強化しています。立入検査等の業務を担う環境衛生指導員（旧法20条）や廃棄物処理施設の技術管理者（旧法21条）の規定も設けられました。

　財政援助については、国庫補助の規定は清掃法を踏襲していますが、政令でごみ処理施設も明記されています（旧法22条、23条）。

3 廃棄物処理法の改正経緯

ア　1980年代まで

　東京都が都営地下鉄建設のために購入した土地（江東区大島）で六価クロム鉱さいが見つかるという事件がありました。1973年のことです。化学工場の跡地でしたが、産業廃棄物であるクロム鉱さいが広範囲にわたって大量に投棄されていて、環境汚染の広がりから大きな社会問題になりました。主に産業廃棄物処理に関する制度改善が強く要請され、1976年廃棄物処理法の改正が行われました。なお、翌年の1977年には最終処分場の技術基準を定める省令が定められます。一般廃棄物の最終処分場と産業廃棄物のいわゆる安定型、管理型、遮断型の最終処分場の基準が定められます。

　また、し尿も問題になりますが、浄化槽にかかる法律として1983年に議員立法で浄化槽法が成立しています。その関係で廃棄物処理法の整理も行われています。

> より
> **深く…**

1976年改正

改正の主な内容は以下のとおりです。

① 産業廃棄物について委託基準を定めたこと

② 一定の産業廃棄物処理施設の事業場に責任者の必置義務を定めたこと

③ 一定の最終処分場を届出制としたこと

④ 処理施設について変更命令、改善命令の対象としたこと

⑤ 処理業の許可制を整備したこと

⑥ 措置命令制度を設けたこと

⑦ その他罰則の強化

浄化槽法

　し尿浄化槽については、廃棄物処理施設ではありましたが、建築物と一体的に整備されることから、その設置については建築確認を要する場合には廃棄物処理法の届出は必要ないものとされていました（旧法8条）。一方、その維持管理については、廃棄物処理法で基準を定めていましたが、し尿処理施設の基準とは別に定められていました。これは当時し尿浄化槽が急速に普及し、施設の構造も相当変化していたことが考慮されたものです。そして、し尿浄化槽の清掃業についての許可も一般廃棄物処理業とは別に定められていました（旧法9条）。1980年代には国民の生活水準の向上に伴いトイレの水洗化の要請は高まっていましたが、下水道の整備が財政的に追いつかず、実態は浄化槽に依存していました。浄化槽の生活環境に果たす役割はますます大きくなっていましたが、その工事、保守点検、清掃等が適正を欠き、公共水域を汚染する事例も少なくない状況でした。建築確認の時は汲み取りで確認を受け、その後水洗化する場合に無届で浄化槽を設置するということもあった、と言います。そこで、一元的に浄化槽に関する法制度を確立すべく浄化槽法が制定されました。浄化槽の設置・保守点検・清掃・製造についての規制を強化し、関係者の責任と義務を明確化し、浄化槽設備士や浄化槽管理士の資格制度を設けて、管理しようとするものです。この浄化槽法との関係で廃棄物処理法に係る規定が整理され、し尿浄化槽清掃業に関する規定（旧法9条）は削除されています。

イ　1990年代

　1980年代の後半はいわゆるバブル景気といわれる時代です。株式や不動産を中心とした資産価格の高騰に影響され、消費増大とそれに伴う生産拡大が続きました。廃棄物の排出量も急速に増大しました。家電製品の大型化など処理のしにくい廃棄物や見栄えのいい容器など廃棄物の大型化、多様化も進みました。大量生産・大量消費・大量廃棄の時代の到来です。ペットボトルが急速に普及するのもこのころです。焼却施設の能力等もあり未焼却のものを直接埋め立てるということもありました。最終処分場の不足が顕著になります。特に産業廃棄物については最終処分場の残余年数^{（注9）}が、1990年には1.7年となり大変ひっ迫します。最終処分場がひっ迫すれば廃棄物の不適正処理、不法投棄の原因にもなります。大きな社会問題です。こうした状況を踏まえ、1991年に廃棄物処理法が改正されます。法律の目的に廃棄物の排出抑制と分別再生を明記しています。リサイクルの概念を廃棄物処理の法体系に持ち込んだものであり、いわゆる循環型社会へのはじめの一歩と評価できます。捨てる側の法律とともに作る側の法律として再生資源利用促進法も同時に制定されます。事業者側の生産、流通、消費各段階におけるリサイクルの推進も図られることになります。

　1990年代前半のバブル崩壊後日本経済は景気の後退期に入りますが、廃棄物の発生量の増加とその多様化は進んでいました。一方で最終処分場周辺での環境汚染への住民の不安や不信感は高まるばかりで、廃棄物処理施設に関わる地域紛争も多発し、その設置や運営について支障が生ずるほどでした。また、廃棄物の不法投棄も後を絶たず大きな社会問題となっていました。豊島の不法投棄事案が広がりを見

（注9）最終処分場の残余年数とは、既存の最終処分場の埋立て可能量（残余容量）と当該年の年間埋立て量（最終処分量）を比較して推計した最終処分の埋め立てできる残りの期間のことです。

せたのもこのころです。こうした状況を踏まえ、廃棄物の減量化・再生利用の推進とともに、廃棄物処理施設の周辺住民対策としての規制強化、不法投棄対策等の総合的対策を図るため、1997年に廃棄物処理法が改正されます。

1991年改正

改正の主な内容は以下のとおりです。

① 目的規定に「排出抑制」や「廃棄物の再生等」の文言を加え、その趣旨を踏まえ、国民、事業者、地方公共団体の責務についての規定を設けたこと

② 一般廃棄物処理計画と産業廃棄物処理計画の内容を充実させたこと

③ 廃棄物の減量化、再生を推進するため再生事業者の登録制度など諸規定を定めたこと

④ 廃棄物処理業の許可要件を強化するとともに、廃棄物処理施設設置に許可制度を導入したこと

⑤ 処理困難な一般廃棄物の製造業者等へ協力規定を設けたこと

⑥ 爆発性、毒性等を有する廃棄物を新たに特別管理廃棄物として特別に取り扱う制度を設けたこと

⑦ さらに特別な管理を要する廃棄物の広域的・適切な処理等に資する廃棄物処理センター制度を設けたこと

　今回の改正で廃棄物処理法の中に循環型社会への端緒の規定が設けられます。同時に成立した再生資源利用促進法が事業者側、いわゆる動脈側で、廃棄物処理法がいわゆる静脈側で、一連の生産、流通、消費、廃棄、再生という物の流れを律しようということです。今回の改正を受け具体的なリサイクル関係の法律として、1995年に容器包装リサイクル法が、1998年に家電リサイクル法が制定されています（**第13章**参照）。なお、1992年に有害廃棄物の越境移動を規制するバーゼル条約が発効するのに合わせ、いわゆるバーゼル法が制定されていますが、廃棄物処理法の改正も行われ、廃棄物の輸出入の規制が制度化されています（**第9章**参照）。

1997年改正

改正の主な内容は以下のとおりです。

① 多量排出事業者の計画に減量化を求めたこと

② 処理施設のひっ迫対策も含め、大規模・安定的な処理施設を有する再生利用者による再生を進めるため、廃棄物の再生利用認定制度を設けたこと

③ 周辺住民の生活環境に配慮した施設の設置を進めるため、「ミニアセス」制度を設けたこと

④ 適切な維持管理を図るため、廃棄物処理施設に係る維持管理費の積立制度を設けたこと

⑤ 廃棄物の管理票制度をすべての産業廃棄物に適用させたこと

⑥ 不法投棄対策として罰則の強化と原状回復措置の強化を図ったこと

⑦ 原状回復に資する産業廃棄物適正処理推進センター制度を創設したこと

コラム　いわゆるバブル景気について

　1980年代のアメリカの貿易収支の赤字によるドルの不安定化を是正するため、1985年にプラザ合意が行われ、先進国の協調介入によりドルに対して円高に誘導していく政策が図られました。1ドル250円程度であったものが1年で150円になるなど急激な円高が進み、製造業中心に輸出不振から日本は円高不況といわれる状況でした。そこで、内需拡大のため公共事業の拡大や金融緩和措置等の景気刺激策が行われました。そのこともあり、景気回復からさらに景気拡大となりましたが、いわゆる金余り現象が生じ、株や土地に対する投機的な投資が行われました。日本企業がアメリカのロックフェラーセンターを買収したのもこのころです。土地価格の急速な高騰が発生し、これに対する対策が政治課題となりました。土地基本法が1989年に制定されます。土地に対する保有課税としての地価税が創設されるとともに、金融機関に対しては土地担保融資の総量削減という大変厳しい規制が行われました。土地や株に対する投機的投資は沈静化していきますが、バブル景気後の経済の停滞が続き、1990年代末には金融機関を中心とする不良債権問題が発生することになります。

4 循環型社会形成推進基本法の制定以降

　増える廃棄物、ひっ迫する最終処分場、廃棄物由来の環境汚染など累次の法改正により対応が図られてきましたが、問題の根本的な解決には程遠いものがありました。こうした課題は大量生産・大量消費・大量廃棄という社会の在り方に根差したものであり、社会の在り方そのものを変革していく、国民のライフスタイルを変革していく、いわゆる循環型社会の形成を図っていくことが重要と考えられました。循環型社会とは物質循環の確保により、天然資源の消費が抑制され、環境への負荷が低減された社会です。こうした社会への道筋を示す基本理念等を示すことが必要と考えられ、2000年に循環型社会形成推進基本法が制定されます。そして同時に廃棄物処理法が改正され、資源有効利用促進法（再生資源利用促進法を全面的に改正したもの)、建設リサイクル法、食品リサイクル法、グリーン購入法が制定されます。それまでの容器包装リサイクル法と家電リサイクル法を合わせ循環型社会形成への法体系ができたとも言えます（**第13章①**（220ページ）参照）。まさに2000年は「リサイクル元年」と位置付けるにふさわしい年でした。

　2001年に中央省庁の再編で環境省が設置され、廃棄物行政は一元的に環境省で対応することになりました。法案も提出しやすくなります。2000年代初頭には毎年のように廃棄物処理法が改正されます。2010年改正で全般的な見直しが行われています。

循環型社会形成推進基本法とそれに続く改正

　循環型社会形成推進基本法では、循環型社会形成を推進するための基本原則と基本的施策の総合的な枠組みを示していますが、基本原則として、廃棄物等の発生抑制、循環資源の循環的な利用、適正処分を定め、循環的な利用についても再使用、再生利用、熱回収という優先順位をつけています（**第13章②**（222ページ）参照）。同年成立した廃棄物処理法の改正法では、循環型社会形成推進基本法を受け、廃棄物の減量を促進し、適正処理のための体制整備を図っています。都道府県知事に減量を含めた廃棄物処理の計画策定を義務付けたのもこの時の改正です。

　廃棄物処理法は、循環型社会形成への取組みを効率的に進めるための施策や不法投棄対策などその時々の社会問題に対応して、2000年代初頭は毎年のように改正されます。2003年改正では、①リサイクルの推進に資するよう広域的な処理を行うものについて認定制度を設けるとともに、②不法投棄の未遂罪を設ける等の罰則の強化を図っています。また、③廃棄物処理施設整備緊急措置法を廃止し、廃棄物処理施設の整備計画を廃棄物処理法の中で策定することにしています。続く2004年改正では、当時社会問題となっていた硫酸ピッチ対策、不法投棄の撲滅に向けた罰則の強化、最終処分場の跡地対策、廃棄物処理施設の事故時の措置等が定められています。さらに2005年改正では、当時発覚した岐阜市における大規模不法投棄事案への対策を中心に改正が行われています。

廃棄物処理施設の整備について

　廃棄物処理施設の整備については、早急に整備する必要があるということで、1963年の生活環境施設整備緊急措置法、1968年の清掃施設整備緊急措置法に続いて1972年に廃棄物処理施設整備緊急措置法が制定され、それらの法律に基づく累次の計画でその整備が図られてきました。一方、2000年ごろから社会資本の整備の在り方について政府内で議論が行われ、2001

年のいわゆる「骨太の方針」に続き2002年の「経済財政運営と構造改革の基本方針」により公共事業関係計画のあり方の見直し方針が示されました。廃棄物処理施設整備計画についてもその一環で見直しが図られ、施設整備緊急措置法は廃止され、廃棄物処理法の中で対応することとされました。

2010年改正以後

2010年改正では、これまで積み残されてきた課題への対応が図られています。改正の内容は以下のとおりです。

① 建設系廃棄物の排出事業者についての整理

② 不法投棄に対する罰則のさらなる強化

③ 廃棄物処理業者の優良化を促進するための仕組み

④ 循環的利用の推進の一環として熱回収を行う者の認定制度の導入

2015年改正では、災害時の廃棄物対策についての改正が行われ、2017年改正では、食品廃棄物の不適正な転売事案への対応やいわゆる雑品スクラップと言われる使用済みの電気機器への対応が図られています。特に使用済電気機器関係については、本来は廃棄物ではなく有価物として整理されるようなものも含めて廃棄物処理法の中で扱い、保管・処分について一定の基準により行わせています。廃棄物類似という物まで廃棄物処理法の中に取り込み、環境汚染を防止することに重点を置いた改正と言えます。

コラム 2001年の「骨太の方針」

　2001年の「骨太の方針」は当時の小泉内閣における構造改革の起点となるものです。「改革なくして成長なし」として経済、財政、行政、社会のあらゆる分野で構造改革を進めようとするものです。聖域なき構造改革として7つの改革プログラムを示し（①民営化・規制改革、②チャレンジャー支援、③保険機能強化、④知的資産倍増、⑤生活維新、⑥地方自治・活性化、⑦財政改革）、財政改革の中では公共事業関係長期計画の見直しも示されました。この長期計画の見直しの一環で廃棄物処理施設整備緊急措置法に基づく計画は法律とともに廃止されることになりましたが、計画的な施設整備は必要ということで廃棄物処理法の中で位置付けることになりました。廃棄物処理施設整備緊急措置法時代との主な相違点は、①計画内容の重点を事業量よりも成果に置いたこと、②廃棄物抑制や減量化に重点を置いていること、③施設の処理能力より再生利用や有害物の処理など施設の質的面を重視していること、④事業の効率的実施のため、事後評価の重視、事業相互間の連携、民間の活用等を取り入れていること、などです。

コラム 環境省の設置

　環境行政は1970年の公害国会で発足した環境庁が主に担っていましたが、総理府の外局ということもあり、法案の提出を含め環境に関することでもなかなか十分な対応ができていない、という声がありました。ちょうどそのころ、橋本内閣でしたが、縦割り行政の弊害をなくし、内閣機能を強化し、さらに行政全般の減量化・効率化を目的とした中央省庁の再編が政治課題となりました。1997年の行政改革会議で取りまとめられ、1998年には中央省庁等改革基本法として方向付けが行われました。それまで1府22省庁であったものを13府省庁に再編するものです。2001年の1月6日から実施に移され、環境省も設置されました。環境省はそれまで各省庁に分散されていた環境に関する事項を担うとともに、廃棄物行政も一元的に担うものとされました。

本　論
─基礎から押さえる廃棄物処理法─

第**4**章

廃棄物とは

① 廃棄物の概念

　ここでは、廃棄物処理法の廃棄物について考えてみましょう。法律では「汚物又は不要物」とされています。「汚れたもの、いらないもの」ということですので、丁寧には扱われません。「ぞんざい」に扱われやすいものです。

　事業者が商品を売る場合は消費者の評価が気になるものです。売りっぱなしということでは消費者の信頼は得られないでしょう。消費者の信頼を得るためにアフターサービスも含めコストをかけようとします。廃棄物はどうでしょうか。事業者が廃棄物を排出する場合、目の前から消えてもらえればそれでいいのです。廃棄物がその後適正に処理されたかどうかなど気にはなりません。専門業者に委託するにしても処理費用はできる限り安いほうがいいに決まっています。処理費用が安価になればなるほど不適正処理になりやすく、不法投棄の温床にもなります。「やすかろう、わるかろう」という状況です。また、「いらないもの」ですので、その行き先にも興味がありません。どんなところへでも運ばれて行きます。広範囲に移動しやすく、把握するのも困難です。

　また、処理のための施設でも様々な問題が考えられます。焼却施設からの排気ガス、最終処分場周辺の土壌汚染も周辺の住民からすれば心配です。処理施設は「嫌われ者」、典型的な迷惑施設です。いわゆるNIMBY（not in my backyard 自分の裏庭にはイヤ）です。周辺住民から嫌われ立地困難ということになります。ますます不法投棄や不適正処理が横行し、環境汚染から公害問題にまで発展しかねません。廃棄物の処理を自由な経済活動に任せていてうまくいく感じはしません。そのため、廃棄物の取扱いには法律で厳しく規制し、適正な処理を確保することが重要となってきます（**図表4−1**）。

図表4−1　廃棄物とは

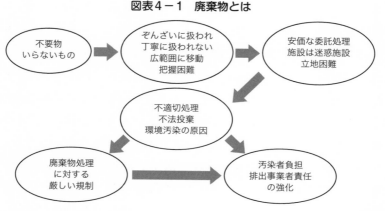

著者作成

ア　法律上の定義と当初の通知

法律上の定義を見てみましょう。「廃棄物とは、ごみ、粗大ごみ、燃え殻、汚泥、ふん尿、廃油、廃酸、廃アルカリ、動物の死体その他の汚物又は不要物であって、固形状又は液状のもの（放射性物質及びこれによって汚染された物を除く）をいう」とされています（法2条1項）。「その他の」とありますので、ごみ以下動物の死体までは例示で、そのうえで「汚物又は不要物」といういわば包括的な概念で定義しています。

はじめに法律の条文の後段からみていきましょう。「固形状又は液状のもの」ですので、気体状の物は除かれます。例えば自動車から排出される排気ガスは「もの」としてとらえられません。法律上の廃棄物ではありません。次に「放射性物質及びこれによって汚染された物を除く」とされています。これは法制定時における公害対策基本法により、放射性物質による汚染防止は原子力基本法等の関係法律で定めるところによるとされていたことからです^(注10)。

(注10) 原子炉等規制法（核原料物質、核燃料物質及び原子炉の規制に関する法律）61条の2の規定により、放射線による障害防止の必要のないものとして確認を受けたもの（セシウム134や137の場合は100Bq/kg以下）は、廃棄物処理法の適用にあたって核燃料物質によって汚染されたものでないものとして取り扱われることになっています。

　また、条文上ということではありませんが、法律制定時の通知により除かれているものもあります[注11]。具体的には、①港湾、河川のしゅんせつに伴って生ずる土砂その他これに類するもの、②漁業活動に伴って漁網にかかった水産動植物等であって、当該漁業活動を行った現場付近において排出したもの、③土砂及びもっぱら土地造成の目的となる土砂に準ずるもの、です。①のしゅんせつ土砂は埋立て等の土地造成の材料であり、自然現象により水底に堆積したものであることから、②の水産動植物等はそのまま海洋に戻すものであることから、廃棄物から除かれています。水産動植物等が陸揚げされた後は廃棄物になることは当然です。③の土砂等です。一般に土地造成の材料として使用される有用物であることから除かれていますが、産業廃棄物である汚泥との違いについては留意する必要があります。

より 深く…

法律の定義

　清掃法では「ごみ、燃えがら、汚でい、ふん尿及びいぬ、ねこ、ねずみ等の死体」というように限定列記し、これらを汚物という概念でとらえていました。廃棄物処理法では、ごみ等が例示として示されていますが、「その他の汚物又は不要物」とあるように包括的な定めになっています。事業場などから排出される多種多様な物もあるため汚物という概念ではとらえられなくなり、「不要物」という概念を加え、さらに規定上も包括的な規定にしたと言います。ただし、そもそも清掃法時代から運用として「ごみ」を包括的な概念としてとらえてきたこともあり、実質的な変更ではない、と説明されています。なお例示にある「粗大ごみ」は一般のごみとは取扱いに違いがある

（注11） 　この通知は「廃棄物の処理及び清掃に関する法律について」（昭和46年10月16日環整第43号）のことです。厚生省環境衛生局長から各都道府県知事、政令市長あてに発出された通知です。

ということで特記されています。また、「廃油、廃酸、廃アルカリ」は産業廃棄物の例として、「動物の死体」についても産業系の家畜の死体等を想定するものとされています。

建設汚泥と土砂

　産業廃棄物である建設汚泥については、「建設工事から生ずる廃棄物の適正処理について」（平成23年3月30日環廃産第110329004号）という通知が発出されています。その中で、「地下鉄工事等の建設工事に係る掘削工事に伴って排出されるもののうち、含水率が高く粒子が微細な泥状のものは、無機性汚泥（建設汚泥）として取り扱う。また、粒子が直径74㎛を超える粒子をおおむね95％以上含む掘削物にあっては、容易に水分を除去できるので、ずり分離等を行って泥状の状態ではなく流動性を呈さなくなったものであって、かつ、生活環境の保全上支障のないものは土砂として扱うことができる」としています。なお、この通知の中で、泥状とはダンプトラックに山積みができず、その上を歩けない状態をいうとあります。

Q-1 掘削した土砂に廃棄物が含まれている場合、この土砂はどのように扱えばいいですか。

A-1 基本的には廃棄物を分離したうえで廃棄物は廃棄物として処理します。有害物質がしみ込んだ土壌の扱いは慎重な対応が必要です。一般的には当該土地は土壌汚染対策法の対応となりますが、事業活動により有害物質がしみ込み、掘削等して除去する場合など、有害物質を含んだ土砂全体を汚泥として扱い、廃棄物として処理するケースもあるようです。

コラム

放射性物質に汚染されたものの扱い

　放射性物質及びこれによって汚染された物は廃棄物の定義から除かれていますが、歴史的な経緯が大きく関係しています。公害問題が大きな社会問題となり公害対策基本法が成立したのが1967年です。原子力関係はそれ以前の1955年に原子力基本法が成立しています。1956年から原子力委員会を中心にして原子力の平和的な開発利用が進められ、1957年には原子炉等規制法や放射線障害防止法（現在はRI規制法（放射性同位元素等の規制に関する法律））が、1958年には放射線障害防止の技術的基準に関する法律が成立しています。放射性物質については、その利用から廃棄にいたるまで一連のものとして規制の網にかければ十分ではないか、放射性物質は一般の廃棄物とは性質が全く違うのではないか、と考えられ、公害対策基本法の中では「放射性物質による大気の汚染及び水質の汚濁の防止のための措置については、原子力基本法その他の関係法律で定めるところによる」とされました。したがって他の公害立法においても放射性物質関係は他の関係法律に任せるということになり、廃棄物処理法でも廃棄物としては扱わないとされました。

　しかしながら、2011年3月11日に発生した東日本大震災とそれに続く東京電力福島第一原子力発電所の事故で大量の放射性物質が飛散し広範囲にわたる環境汚染が発生しました。地震と津波による災害廃棄物も汚染されました。原子炉等規制法でも当時の放射線障害防止法でも想定していない事態です。放射性物質で汚染されているからといって廃棄物処理法を適用せずに対応すれば二次的な環境汚染に発展しかねません。そこで、放射性物質汚染対処特別措置法が制定され、当該事故により汚染された廃棄物については、特別法である放射性物質汚染対処特別措置法により基本的に廃棄物処理法の処理体系により対応することとされました（**第12章 ③**（211ページ）参照）。

イ　不要物について

　廃棄物についての定義が包括的に定められていることから、ここでの一番の問題は「不要物」とは何かということです。不要物のとらえ方次第で実際に「そのもの」の取扱いに違いが出てきます。収集・運搬・処分の各段階で廃棄物処理基準にあった取扱いをするのかどうか、処理を委託する場合に相手方が「そのもの」を扱える処理業の許可を持っているかどうか、などです。経済的にも大きな差が生じそうです。

　廃棄物処理法制定後の厚生省課長通知（1971年 (注12)）では「廃棄物とは、客観的に汚物又は不要物として観念できるものであって、占有者の意思の有無によって廃棄物又は有用物になるものではない」とされていました。しかし、売れ残った商品など客観的には不要物とは見えないものでも占有者が廃棄することで問題が生ずることもあります。この通知は1977年通知で早くも改正され、占有者の意思と物の性状を総合的に勘案すべきもの、とされました。具体的には、「廃棄物とは、占有者が自ら利用し又は他人に有償で売却することができないため不要になったものをいい、これらに該当するか否かは、占有者の意思、その性状等を総合的に勘案すべきものであって、排出された時点で客観的に廃棄物として観念できるものではない」ということです。

　しかし、占有者の意思を重視すれば、どう見ても廃棄物であるものも将来のために保管していると強弁されれば、なかなか厄介です。香川県の豊島廃棄物不法投棄事案はそうした事業者の強弁を行政当局が認めたことから発生しています。廃棄物の解釈の相違で大きな事件に発展した事案です。また、別の案件ですが、重要な最高裁判決（1999年3月10日）も出ています。「おから決定」と言われるものです。廃

（注12） この通知は「廃棄物の処理及び清掃に関する法律の運用に伴う留意事項について」（昭和46年10月25日環整第45号）です。厚生省環境衛生局環境整備課長から各都道府県や政令市の廃棄物関係部（局）長あてに発出されたものです。

棄物処理法の不要物に該当するかどうかは、「その物の性状、排出の状況、通常の取扱い形態、取引価値の有無及び事業者の意思等を総合的に勘案して決定するのが相当」とされました。1977年通知は「占有者の意思」を重視しがちでありましたが、廃棄物かどうかを判定する場合の要点をより客観的に整理したものと言えます。

　2000年になって、「野積みされた使用済みタイヤの適正処理について」という通知が発出されます。これは、最高裁の要点整理を援用していますが、再び廃棄物の判断に客観的な要素を入れていこうというものです。

　総合的に勘案して判断するとしても、実際に法を執行している地方公共団体で判断するには「排出の状況、通常の取扱い形態」など悩ましい問題もあります。そこで比較的判断が容易な「取引価値の有無」ということが一般的に重視されています。「有価物」は一般的に有償で取引が行われます。売主Aから買主Bに商品が動くとき、その代金は商品の動きとは反対、BからAとなります。同じようにAからBに物が動いたとして代金がBからAではなくAからBへ動く場合はどうでしょうか。Aは廃棄物の排出者でBは処理者、お金は代金ではなく処理費用になります。ではAからBに物が動いたとして、代金はBからAに支払われても、別途運搬費という名目でAからBにお金が流れた場合はどうでしょうか。代金より運搬費が多い場合などAの手元がマイナスになることもあります。全体的に見てこの商品は有価物とはみなされないのではないでしょうか。一般的には廃棄物となります。いうなれば廃棄物は「逆有償取引」であるともいえます（**図表4－2**）。

　廃棄物処理法の廃棄物に当たるかどうかについては、環境省から発出されている「行政処分の指針について」（行政処分通知）の中で、これまでの経緯を踏まえた考え方を集大成しています。まず、廃棄物

図表4−2　廃棄物の法律上の定義

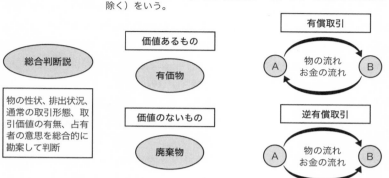

| 法律上の定義 | 「廃棄物」とは、ごみ、粗大ごみ、燃え殻、汚泥、ふん尿、廃油、廃酸、廃アルカリ、動物の死体その他の汚物又は不要物であって、固形状又は液状のもの（放射性物質及びこれによって汚染された物を除く）をいう。 |

総合判断説

物の性状、排出状況、通常の取引形態、取引価値の有無、占有者の意思を総合的に勘案して判断

価値あるもの

有価物

価値のないもの

廃棄物

有償取引

Ⓐ　物の流れ　お金の流れ　Ⓑ

逆有償取引

Ⓐ　物の流れ　お金の流れ　Ⓑ

著者作成

とは、占有者が自ら利用し、又は他人に有償で譲渡することができないために不要になったもの、としたうえで、5つの判断要素を総合的に勘案して判断するとしています。そのうえで具体的に5つの判断要素、①物の性状、②排出の状況、③通常の取扱い形態、④取引価値の有無、⑤占有者の意思についてそれぞれ留意点を詳細に取りまとめています。

より
深く…

野積みされた使用済みタイヤの適正処理について

　この通知は2000年7月24日に発出されています（衛環第65号）。措置命令等の行政処分をする場合の留意事項として廃棄物の判断要素を整理しています。①廃棄物とは、占有者が自ら利用し、又は他人に有償で売却することができないために不要になった物をいい、これらに該当するか否かは、その物の性状、排出の状況、通常の取扱い形態、取引価値の有無及び占有者の意思を総合的に勘案して判断すべきこと、②占有者の意思とは、客観的要素からからみて社会通念上合理的に認定し得る占有者の意思であること、③占有者において自ら利用し、又は他人に有償で売却することができるものであると認識しているか否かは、廃棄物に該当するか否かを判断する際の決定的な要素になるものではないこと、④占有者において自ら利用し、又は他人に有償で売却することができるものであるとの認識がなされている場合には、占有者にこれらの事情を客観的に明らかにさせるなどして、社会通念上合理的に認定し得る占有者の意思を判断すること、⑤使用済みタイヤが廃棄物であると判断される場合において、長期間にわたりその放置が行われているときは、占有者に適正な保管であることを客観的に明らかにさせるなどして、客観的に放置の意思が認められるか否かを判断し、これが認められる場合には、その放置されている状態を処分として厳正に対処すべきこと、としています。

　なお、同日付の通知（衛環第95号）では、上記⑤の長期間にわたる放置について、概ね180日以上とされています。

行政処分通知の廃棄物該当性

　この通知は、地方自治法の技術的助言として発出されたもので、廃棄物の不適正処理を防止するためにいたずらに行政指導を繰り返すのではなく、適正かつ厳正な行政処分の実施を都道府県等の行政当局に求めたものです。この「行政処分の指針について」（令和3年4月14日環循規発第2104141号）という通知の中では「廃棄物該当性について」として、それぞれの要点ごとに廃棄物とはとらえない場合の考え方が示されています。①物の性状：利用用途に要求

される品質を確保し、かつ飛散、流出、悪臭の発生等の生活環境の保全上の支障が発生するおそれのないものであること。実際の判断にあたっては、生活環境の保全に係る関連基準を満足すること、その性状についてJIS規格等の一般に認められている客観的な基準が存在する場合は、これに適合していること、十分な品質管理がなされていること、②排出の状況：排出が需要に沿った計画的なものであり、排出前や排出時に適切な保管や品質管理がなされていること、③通常の取扱い形態：製品としての市場が形成されており、廃棄物として処理されている事例が通常は認められないこと、④取引価値の有無：占有者と取引の相手方との間で有償譲渡がなされており、なおかつ客観的に見て当該取引に経済的合理性があること。実際の判断にあたっては、名目を問わず処理料金に相当する金品の受領がないこと、当該譲渡価格が競合する製品や運送費等の諸経費を勘案しても双方にとって営利活動として合理的な額であること、当該有償譲渡の相手方以外の者に対する有償譲渡の実績があること、⑤占有者の意思：客観的要素から社会通念上合理的に認定しうる占有者の意思として、適切に利用し若しくは他人に有償譲渡する意思が認められること、又は放置若しくは処分の意思が認められないこと。したがって、単に占有者において自ら利用し、又は他人に有償で譲渡することができるものであると認識しているか否かは廃棄物に該当するか否かを判断する際の決定的な要素となるものではなく、上記①から④までの各種判断要素の基準に照らし、適切な利用を行おうとする意思があると判断されない場合、又は主として廃棄物の脱法的な処理を目的としたものと判断される場合には、占有者の主張する意思の内容によらず、廃棄物に該当するものと判断されること、です。

廃棄物をリサイクルする場合の廃棄物該当性の時点

「行政処分通知」では「再生後にみずから利用または有償譲渡が予定されている物であっても、再生前においてそれ自体は自ら利用または有償譲渡がされない物であることから、当該物の再生は廃棄物の処理であり、法の適用がある」とされています。したがって事業者から排出され、再生事業者に引き渡され、再生するまでは廃棄物処理法の適用を受け、再生品になってからはじめて対象外というのが原則のようです。しかし、それでは収集運搬処分にそれぞれ廃棄

物処理業の許可が必要になるなど煩雑でリサイクルに支障が出かねません。そこで、「「規制改革・民間開放推進3か年計画（平成16年3月19日閣議決定）」において平成16年度中に講ずることとされた措置について」（平成17年3月25日環廃産発第050325002号）という通知が改正され、一定の場合には再生事業者に廃棄物が渡った時点で廃棄物ではないと判断して差し支えない、ということが明確になりました。具体的には、「行政処分通知」の判断要素を総合的に勘案する必要はありますが、次のように、廃棄物ではないと判断する場合の留意事項が示されています。①譲り受ける者による再生利用が製造事業として確立・継続しており、売却実績がある製品の原材料の一部として利用するもの、②エネルギー源としての利用にあっては、その利用が発電事業等として確立・継続しており、売却実績がある電気、熱又はガスのエネルギー源の一部として利用するもの、③利用のための技術を有する者が限られる、又は事業活動全体として系列会社との取引を行うことが利益となる、などにより遠隔地に輸送する等譲渡先の選定に合理的な理由が認められること、です。したがって、再生事業者が排出時点では廃棄物であるものを製品の原料として引き取りに行く場合には、再生事業者が受け取った時点で廃棄物ではないと判断でき、再生事業者の事業場への運搬も処理業の許可なくできることになります。

　なお、この通知の中では、さらに、再生利用事業者へ引き渡す場合には、引き渡し側が輸送費を負担し、引き渡しにかかる事業全体において引き渡し側に経済的損失が生じている場合であっても、少なくとも、再生利用等のために有償で譲り受ける者が占有者となった時点以降については廃棄物に該当しないと判断しても差し支えない、としています。

建設汚泥の廃棄物該当性

　建設汚泥については「建設汚泥処理物の廃棄物該当性の判断指針について」（平成17年7月25日環廃産発第050725002号）という通知があります。これは建設汚泥処理物が土地造成や土壌改良等の建設材料と称して不法投棄される場合があることなどを踏まえ、総合判断にあたっての各判断要素の留意事項等を示したものです。また、再生利用が確実な建設汚泥処理物については、廃棄物と扱うことで流通の妨げになっているのでは、との意見も踏ま

え、建設資材等として製造された時点で有価物と取り扱える、という通知も出されています（「建設汚泥処理物等の有価物該当性に関する取扱いについて」（令和2年7月20日環循規発第2007202号））。

使用済家電製品の廃棄物該当性

また、使用済家電製品についても別途「使用済家電製品の廃棄物該当性の判断について」（平成24年3月19日環廃企発第120319001号、環廃産発第120319001号）という通知が発出されています。これは使用済家電製品が不用品回収業者等に収集されて不適正な処理がされることが多いことから、廃棄物該当性の判断にあたっての留意事項を示したものです。家電リサイクル法の対象家電については、市場性が認められない場合や再使用に適さない粗雑な取扱いがされている場合等は廃棄物と判断して差し支えないこと、不適切な方法で分解・破壊等が行われている場合には占有者の意思にかかわらず収集時点から廃棄物と判断して差し支えないことなどが示されています。

Q-2 廃棄物のリサイクルが進んでいます。事業者から排出された廃棄物をリサイクル業者が製品の原料として引き取ってリサイクル製品を製造する場合、どの段階まで廃棄物として扱う必要がありますか。

A-2 それぞれの行為の段階で「行政処分通知」の内容を勘案して総合的に判断する必要があります。一般的には事業者の排出からリサイクル業者のリサイクル製品製造過程までは廃棄物の処分再生ととらえられますが、リサイクル業者の再生利用が製造事業として確立・継続しており、売却実績がある製品の原材料として利用するものなどについては、リサイクル業者が引き取った以降は廃棄物として扱わなくても差し支えないという通知も発出されています。

Q-3 事業所を閉鎖するにあたり使用済みのいわゆる家電製品を回収業者に売却しました。こうした取扱いでよかったのでしょうか。

A-3 使用済家電製品が廃棄物であるかどうかは基本的に「行政処分通知」の内容を勘案して総合的に判断する必要があります。家電リサイクル法の対象家電はリサイクルに厳しい基準が設けられていること等を踏まえ、より慎重な判断が必要で、買い取られる場合でも直ちに有価物と判断されるべきではない、とされています。ただし、比較的新しく市場価値を持つものなどは古物営業の許可を持つ者に売却するなど適切なリユースが行われることも重要としていますので、そのことを踏まえ判断する必要があります。

コラム

フェロシルト不法投棄事案

廃棄物該当性の判断の誤りにより刑事事件にもなり、また株主代表訴訟で取締役に多額の賠償が命じられた事件を紹介しておきます。化学品メーカーであるＩ産業は、白色顔料の製造工程で発生する廃硫酸の処理費対策として、それを再生利用した土壌埋戻材（フェロシルト）を開発しました。2001年8月より販売を開始しています。東海地方を中心に多くの造成地に利用され、2003年にはリサイクル製品として三重県の認定も受けていました。しかしながら2004年ごろから流れ出たフェロシルトによる環境汚染問題が発覚したうえ、2005年6月には岐阜市の埋設土壌から六価クロムが検出されるにおよびＩ産業はその全量撤去に追い込まれ、総額485億にもなる損害が発生しました。2005年10月には関係県からフェロシルトについて産業廃棄物と認定され、不法投棄よる刑事告発と撤去を求める措置命令が発せられました。株主代表訴訟も提起されました。地裁判決では、フェロシルトが、その販売に用途開発費名目で販売価格を上回る金額が支払われていたことなどから「逆有償」にあたり産業廃棄物と認定され、さらに取締役会でそうした開発費名目での費用計上が説明されていたことから一部の取締役の責任が認められました。主導的役割を果たした取締役にはその損害額の全額（約485億円）を他の取締役には2割から5割程度の損害賠償責任が判示されました。控訴審で和解が成立していますが、経営陣の責任に警鐘を鳴らす裁判でした。

コラム　豊島廃棄物不法投棄事案

　瀬戸内海の東部にある豊島（香川県）で、総面積約6.9㎡に61.7㎡、約91.2万トンもの不法投棄が行われた事案です。食品汚泥等の産業廃棄物処理業の許可を受けた事業者が1978年ごろからシュレッダーダストや汚泥、廃油等の産業廃棄物を大量に処分場に搬入していました。周辺住民との紛争もあり、香川県当局は立入り検査をしましたが、土壌改良剤等の原料であり有価物であるとの事業者の主張を認めてしまいました。周辺環境に与える影響も大きく住民側との紛争は続きました。1990年になって兵庫県警が強制捜査を行い廃棄物処理法違反で摘発しました。それを踏まえ県当局は許可の取消しと撤去等の措置命令を発しましたが、事業者は1997年に倒産し結局膨大な量の廃棄物が豊島に残されました。住民側は1993年公害紛争処理法による公害調停の申請を行い、2000年に調停が成立しました。県当局は調停条項に基づき、これまでの対応の謝罪と処分地の汚染廃棄物の搬出・地下水浄化をするとともに、搬出した廃棄物は隣接する直島町に中間処理施設を整備して焼却・溶融による処理をすることになりました。総事業費536億円にものぼるものです。原因事業者は破産宣告を受けており、また、排出者に責任を問うのも当時は困難でした。排出者19社からは解決金約3億円のみが支払われました。

コラム　おから決定

　この裁判は、「おから」の処理を無許可で受注していた被告人が廃棄物処理法違反で起訴された事案です。1審、2審ともに「おから」の処理状況から廃棄物にあたるとして有罪とされ、最高裁でも本文にある一般論を述べたうえで、「おからは、……非常に腐敗しやすく、本件当時、食用などとして有償で取引されて利用されるわずかな量を除き、大部分は、無償で牧畜業者等に引き渡され、あるいは、有償で廃棄物処理業者にその処理が委託されており、被告人は、豆腐製造業者から収集、運搬して処分していた本件おからについて処理料金を徴していたというのであるから、本件おからが……「不要物」にあたり、前記法2条4項にいう産業廃棄物に該当するとした原判断は正当である」とされています。

2 法律上の廃棄物の分類

ア 法律の構成

　廃棄物処理法では、廃棄物の分類としては処理責任の所在で区分けされています。大まかに言えば市町村が処理する責任のある物が一般廃棄物で、事業者が処理する責任のある物が産業廃棄物です。一般廃棄物は廃棄物のうち産業廃棄物以外のものとされ（法2条2項）、産業廃棄物は事業活動から生じた廃棄物のうち特定の物を列記して定めています（法2条4項）。したがって、事業活動から生じた廃棄物であっても法令で産業廃棄物として列記されていなければ一般廃棄物になるという構成です。

　事業者は事業活動から生ずる廃棄物について処理する責務を負っています（法3条1項）。したがって、廃棄物の区分も事業系かそうでないか、で区分するという考え方もあります。しかし、廃棄物処理法は清掃法の改正という形で立案されましたので、清掃法時代の体系を踏襲してそれまで主に市町村が清掃事業の中で処理してきたものはたとえ事業活動から生ずるものでも市町村で対応するという考えになっています。もともと市町村は商店街の八百屋、喫茶店のような小規模な事業者からの廃棄物を主に扱っていましたが、近年では、一般廃棄物であっても事務所ビルからの紙くずのように事業活動から大量に生ずるものもあります。また、廃油の付着した繊維くずなど一般廃棄物と産業廃棄物が混合して捨てられるような物もあります。廃棄物の区分については抜本的な見直しが必要ではないか、との意見もあるところです。

　前述したように廃棄物処理法は産業廃棄物以外の廃棄物を一般廃棄物としていますので、産業廃棄物について何が列記されているかが重要です。産業廃棄物は事業活動に伴って生じた廃棄物ですが、排出した者がだれかによって産業廃棄物になるものとならないものがありま

す。燃え殻、汚泥、廃油、廃酸、廃アルカリ、廃プラスチック類、ゴ
ムくず、金属くず、ガラスくず・コンクリートくず・陶磁器くず、鉱
さい、がれき類は排出した者にかかわらず産業廃棄物です。一方、紙
くず、木くず、繊維くず、動植物性残さ、動物系固形不要物、動物の
ふん尿、動物の死体は排出した者が限定されています（令2条）（**図
表4−3**）。

図表4−3　産業廃棄物の一覧

業種限定のない産業廃棄物	燃え殻	焼却灰残灰
	汚泥	排水処理後の泥
	廃油	鉱物油、洗浄油、潤滑油
	廃酸・廃アルカリ	酸性廃液・アルカリ性廃液
	廃プラスチック類	廃タイヤ、合成樹脂くず
	ゴムくず	天然ゴムくず
	金属くず	鉄鋼等の研磨くず
	ガラスくず・コンクリートくず・陶磁器くず	ガラス・陶磁器くず、コンクリートくず、石膏ボードくず
	鉱さい	電気炉等の鉱さい
	がれき類*	コンクリート破片等
	ばいじん**	集塵装置で集められたばいじん

＊工作物の新築・改築・除去に伴って発生
＊＊大防法のばい煙発生施設、ダイオキシン類特措法の施設、一定の廃棄物焼却施設から発生

特定の業種に係る産業廃棄物	紙くず*	建設業、製本業、パルプ・紙・紙加工品製造業、新聞業等
	木くず*	建設業、木材・木製品製造業、パルプ製造業等
	繊維くず*	建設業、繊維工業（衣服製造等を除く）
	動植物性残さ	食料品・医薬品・香料製造業の原料
	動物系固形不要物	と畜場、食鳥処理場
	動物のふん尿	畜産業
	動物の死体	畜産業
以上の産業廃棄物を処分するために処理したもの		

＊紙くず、木くず、繊維くずについて、建設業は工作物の新築・改築・除去から発生したものに
　限り、PCBが染み込んだものと紙くずで塗布されたものには業種限定はない。また、木くず
　のうち貨物流通用パレットも特段の業種限定はない。

　また、輸入された廃棄物は一部の航行廃棄物や携帯廃棄物^{（注13）}以外は産業廃棄物に分類されています（法2条4項）。

　なお、廃棄物のうち、特に爆発性、毒性、感染性その他の人の健康、生活環境に係る被害を生ずるおそれのある有害な性状を有する物については、特別管理一般廃棄物、特別管理産業廃棄物として特別の規制がかかることになっています（法2条3項、5項）。具体的にはそれぞれ政令で定められています（令1条、2条の4）。

　以上の関係を図示してみました（**図表4－4**）。

図表4－4　廃棄物の種類

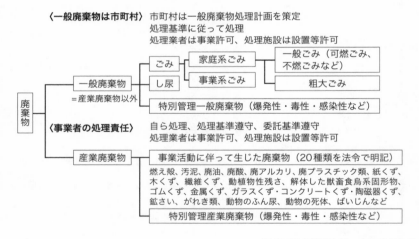

『令和3年版環境白書』より著者作成

より
深く…

産業廃棄物のうち業種限定のあるもの

　業種により産業廃棄物になるものとして、①紙くずは、建設業、パルプ・紙・紙加工品の製造業、一定の新聞業や出版業、製本業、印刷物加工業に係るもの、②木くずは、建設業、木材・木製品の製造業、パルプ製造業、輸入木材の卸売業、物品賃貸業に係るもの、③繊維くずは、建設業、繊維工業（衣服製造等を除く）に係るもの、④動植物性残さは、食料品製造業、医薬品製造業、香料製造業の原料に係るもの、⑤動物系固形不要物は、とさつ場でのとさつ解体や食鳥処理場での食鳥処理に係るもの、⑥動物のふん尿・死体は、畜産農業に係るものとされています。紙くず、木くず、繊維くずの建設業は工作物の新築、改築、除去等に伴って生じた物に限定されています。なお、木くずの貨物流通のために使用したパレット、紙くず・木くず・繊維くずのPCBが染み込んだもの（紙くずは塗布も）については業種限定はありません。その他ばい煙発生施設、ダイオキシン類対策特別措置法の特定施設や一定の産業廃棄物の焼却施設からのばいじんで集じん施設によって集められた物や産業廃棄物を処分するために処理した物も産業廃棄物として定められています。

特別管理一般廃棄物

　特別管理一般廃棄物としては、①廃エアコン・廃テレビ・廃電子レンジに含まれるPCB（ポリ塩化ビフェニル）を使用する部品、②廃水銀（水銀使用製品から回収したもの）とそれを処分するために処理したもの（一定の方法で硫化・固型化したものは除く）、③ごみ処理施設で生じたばいじんとその処理物（一定の方法で固化等したものは除く）、④ダイオキシン類対策特措法の焼却炉で生じたばいじん・燃え殻とその処理物（ダイオキシン類3ng/g超）、⑤ダイオキシン類対策特措法の排ガス洗浄施設・湿式集じん施設を有する工場などから生じた汚泥とその処理物（ダイオキシン類3ng/g超）、⑥感染性一般廃棄物（病院等から生じた廃棄物で感染性病原体が含まれ、付着し、そのおそれのあるもの）、が定められています（令1条）。

特別管理産業廃棄物

特別管理産業廃棄物としては、①廃油（揮発油類・灯油類・軽油類のこと、タールピッチは除く）、②廃酸・廃アルカリ（腐食性を有するPH2.0以下又は12.5以上）、③感染性産業廃棄物、④特定有害産業廃棄物（＊）、⑤輸入廃棄物の焼却に伴うばいじんとその処理物（一定の方法により固化等したものは除く）、⑥ダイオキシン類対策特措法の廃棄物焼却炉における輸入廃棄物の焼却に伴うばいじん・燃え殻・汚泥とその処理物（ダイオキシン類3ng/g超、汚泥はガスの処理施設や灰の貯留施設を有する工場等からのもの）、⑦輸入ばいじん、⑧輸入燃え殻・汚泥（ダイオキシン類が3ng/g超）が定められています（令2条の4、則1条の2）。

（＊）の特定有害産業廃棄物は、①廃PCB等（廃PCBとPCBを含む廃油）、②PCB汚染物（染み込んだ汚泥・木くず・繊維くず、塗布され又は染み込んだ紙くず、付着又は封入された廃プラスチック類・金属くず、付着した陶磁器くず・がれき類）、③上記①②の処理物（PCBが廃油は0.5mg/kg超、廃酸・廃アルカリは0.03mg/l超、廃プラスチック類・金属くずは付着・封入されている、陶磁器くずは付着している、それ以外は検液が0.003mg/l超）、④廃水銀等（水銀回収施設等からの廃水銀・その化合物や一定の物から回収した廃水銀）とその処理物（精製設備からの残さでないこと）、⑤下水道汚泥のうち有毒物質の拡散防止のため指定された汚泥とその処理物（判定基準省令（金属等を含む産業廃棄物に係る判定基準を定める省令）等^(注14)の一定の基準に適合しないもの）、⑥鉱さいとその処理物（判定基準省令等の一定の基準に適合しないもの）、⑦廃石綿等（廃石綿などのうち飛散のおそれのあるもの^(注15)）、⑧ばいじん（水銀・その化合物・1-4ジオキサンを含むもの）とその処理物（それぞれ判定基準省令等の一定の基準に適合しないも

(注14)「等」ですが、処理物の廃酸・廃アルカリの場合は施行規則別表に基準が定められていることを示しています。

(注15) 石綿の飛散のおそれのあるものとしては、①除去された吹き付け石綿、②除去された石綿保温材（断熱材・被覆材）等、③石綿除去事業で用いられた作業衣等、④特定粉じん（石綿）発生施設で生じた石綿、⑤特定粉じん発生施設のある工場等で用いられた防じんマスク等、⑥輸入されたもので、集じん施設により集められた石綿・廃棄された防じんマスク等、が示されています。

の)、⑨ばいじん・燃え殻 [注16] とその処理物（それぞれ判定基準省令等の一定の基準に適合しないもの）、⑩廃油 [注17] とその処理物（判定基準省令等の一定の基準に適合しないもの [注18]）、⑪汚泥・廃酸・廃アルカリ [注19] とその処理物（判定基準省令等の一定の基準に適合しないもの）。

Q-4 事務所ビルから排出される紙くずのように事業活動にともなって生ずる紙くずは産業廃棄物ですか。

A-4 廃棄物のうち産業廃棄物として列記されたもの以外はたとえ事業活動から排出されるものでも一般廃棄物です。紙くずは、建設業、パルプ・紙・紙加工品の製造業、新聞業、出版業、製本業、印刷物加工業に係るものが産業廃棄物として定義されていますので、こうした業態にない一般の事務所ビルからの紙くずは一般廃棄物となります。ただし、一般廃棄物だからといって法律にある事業者責任を逃れるものではありません。なお、建設業については工作物の新築、改築、除去に伴って生じた物に限られていますので、建設業の事務所ビルからの紙くずは一般廃棄物となります。

(注16) カドミウム・鉛・砒素・セレンとそれらの化合物や六価クロム化合物、ダイオキシン類を含むもの
(注17) 廃溶剤で一定の施設で生じたトリクロロエチレン、テトラクロロエチレン、ジクロロメタン、四塩化炭素、１・２-ジクロロエタン、１・１-ジクロロエチレン、シス−１・２−ジクロロエチレン、１・１・１-トリクロロエタン、１・１・２-トリクロロエタン、１・３−ジクロロプロペン、ベンゼン、１・４−ジオキサンに限るとされています。
(注18) 廃油の処理物の基準は廃溶剤でないことです。
(注19) 一定の工場・事業場から生じた水銀・カドミウム・鉛・砒素・セレンとそれらの化合物や有機リン化合物、六価クロム化合物、シアン化合物、PCBを含むもの、（注17）に掲げられた物質やチウラム・シマジン・チオベンカルブ・ダイオキシン類を含むものとされています。

Q-5 飲食店の敷地に放置されている自転車についてはどう取り扱えばいいでしょうか。

A-5 まず、総合判断説により当該自転車が廃棄物であるかどうか、を判断します。長年雨ざらしにされて使い物にならないようになっていれば廃棄物と判断される場合が多いでしょう。そのうえで飲食店の事業用の駐輪場等にお客が放置したような物など事業活動にともなって排出されたと考えるならば、産業廃棄物としての処理が必要になります。一方、事業活動とは関係なく単に敷地内に放置されているような自転車ということであれば、一般廃棄物としての取扱いになりますので、自治体へ相談のうえ処理することになります。

Q-6 動物霊園で埋葬するペットの死体は廃棄物ですか。

A-6 一般的に動物霊園事業は飼主の申し込みによりペットの死体等を宗教的、社会的慣習等により埋葬、供養等が行われるものであることから、廃棄物には当たりません。しかし、霊園事業者、飼主等の扱い方によっては一般廃棄物になる場合もありますので注意が必要です(「動物霊園事業に係る廃棄物の定義等について」(昭和52年7月16日環整125号)。

イ 廃棄物の排出量

　ここで廃棄物の処理の流れについて見ていきましょう。2019年度のごみの排出量は約4,274万トンで、生活系2,971万トン、事業系1,302万トンです。4,274万トンのうち中間処理が3,867万トン、資源化するもの379万トン、直接埋め立て40万トンです。中間処理として粗大ご

みは破砕、圧縮、分離、生ごみは堆肥化、可燃ごみは焼却等をすることになります。中間処理により3,066万トンが減量化し、461万トンが再生利用に回され、340万トンが最終処分されます。したがって、4,274万トンのうち840万トンが資源化され、減量化した3,066万トンを除き最終処分されるのは380万トンとなります（**図表4－5**）。

図表4－5　ごみの処理状況（2019年度）

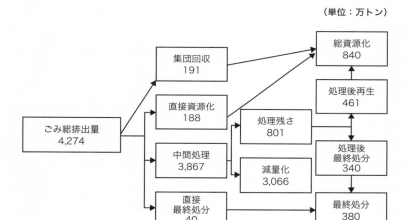

（単位：万トン）

（注）総排出量と各処理量は計画誤差等により一致しない。

『令和3年版環境白書』より著者作成

　産業廃棄物についても同じように見てみます。2018年度の排出量は約3億7,883万トンです。そのうち再生利用に回すものが7,535万トン、中間処理2億9,927万トン、直接埋立てが421万トンです。中間処理として汚泥等は濃縮、脱水、無害化処理等を、廃酸や廃アルカリは中和処理等をします。中間処理により1億7,070万トンが減量化し、再生利用に1億2,365万トンが回され、491万トンが最終処分されます。したがって、3億7,883万トンのうち1億9,901万トンが再生利用され、減量化した1億7,070万トンを除き最終処分されるのは913万トンとい

うことになります（**図表4－6**）。

図表4－6　産業廃棄物の処理（2018年度）

（単位：万トン）

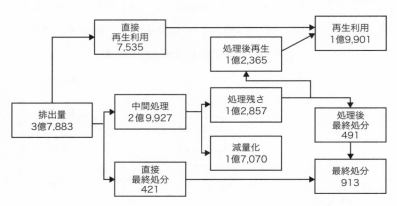

『令和3年版環境白書』より著者作成

第**5**章

Chapter 5

廃棄物処理の基本

廃棄物処理法の目的と基本原則

　法律の目的は「生活環境の保全」と「公衆衛生の向上」を図ること
です。そのために廃棄物の排出抑制、適正な分別・保管・収集・運搬・
再生・処分等の処理、生活環境の清潔保持が規定されています（法1
条）。特に生活環境の保全を明記したことが清掃法との違いの大きな
点です。1991年改正では、制定時の法律で単に「処理」としていた
ものを「分別・保管・収集・運搬・再生・処分等」と明確にするとと
もに「排出抑制」も目的に加えています。これは廃棄物の適正処理の
確保のためには、廃棄物そのものの減量化・リサイクル（再資源化）
が重要であるからで、そのため、国民の責務規定とともに市町村にお
ける廃棄物減量等推進審議会、廃棄物減量等推進員（法5条の7、5条
の8）の規定も置かれています。

国内処理の原則等

　廃棄物処理法の原則として、1992年改正で「国内処理の原則」（法2条の
2）が、2015年改正で「非常災害時の処理原則」（法2条の3）が定められ
ています。非常災害時については各主体の責務規定として、国、地方公共団
体、事業者等の連携・協力の確保についても規定されています（法4条の2）。
詳細は**第9章**、**第12章**参照。

2 **法律における責務**

　法律では、国民、事業者、国及び地方公共団体の責務が規定されて
います。まず「国民の責務」です。廃棄物の減量、適正処理に関し国
や自治体の施策に協力しなければならない、という協力義務を定めて

いますが、その方法として廃棄物の排出抑制、再生利用、分別排出、自ら処分を求めています（法2条の4）。

　次に「事業者の責務」です。事業者は事業活動に伴って生じた廃棄物を自らの責任において適正に処理しなければならない（法3条1項）、として排出事業者責任を定めています。したがって、市町村が処理する一般廃棄物であっても事業系のものの処理責任は事業者にあることが分かります。そのうえで、再生利用による減量に努め、製品が廃棄物になった時の処理に困らないようにすることを求めています（法3条2項）。処理が容易な物の開発や処理方法等の情報提供のことです。

　責務規定の最後が「国及び地方公共団体の責務」です。まず市町村ですが、一般廃棄物の処理責任を負っていますので適正な処理に必要な措置を講じることとし、廃棄物の減量に関し住民の自主的な活動促進を図ること、市町村の処理事業については能率的な運営に努めることが定められています。次に都道府県ですが、区域内の産業廃棄物の状況を把握し適正処理に必要な措置を講じることとし、一般廃棄物に関する市町村への技術援助が定められています。そして国については、廃棄物行政全般に関する責務として、廃棄物に関する情報の収集・整理・活用、処理技術の開発推進、国内の適正処理に必要な措置を講じることとし、さらに市町村・都道府県への必要な技術的・財政的援助が定められています（法4条）。

　なお、清掃法時代からの規定として、土地又は建物の占有者等の清潔保持義務も定められています（法5条）。

より
深く…

土地・建物の清潔保持義務等

　法5条には清潔保持義務以外にも清掃法の規定を踏襲する形でいくつかの規定があります。大掃除の実施、公園等の公共の場の清潔保持、公衆便所・公衆用ごみ容器の設置・管理、便所のある車両・船舶・航空機の運行者のし尿処理などです。また、2010年改正では不法投棄等への対策強化のため、土地の所有者等に不適正処理された廃棄物の通報努力義務の規定が設けられています。

③ 基本方針等

　法律では、廃棄物の適正処理のための基本方針や計画の作成を行政側に求めています。まず、環境大臣に対しては、①基本方針を定めることを求め、⑦廃棄物の減量等の適正処理の基本的な方向、④目標設定・施策推進・施設整備の基本的事項、⑦非常災害時に関する事項などを定めることとし（法5条の2）、次に閣議で②廃棄物処理施設整備計画を5年ごとに定めることとしています（法5条の3、5条の4）。そして各都道府県には区域内の③廃棄物処理計画を、市町村には区域内の④一般廃棄物処理計画を定めることを求めています（法5条の5、5条の6、6条）。

　このうち、①の基本方針と③の都道府県計画の規定は2000年改正において循環型社会形成推進基本法の成立にあわせて定められたものです。①は循環型社会を目指すうえにおいての国の施策の基本的考え方を廃棄物処理の観点からも示す必要があることから、③はこうした国の考え方にしたがって施策を展開するため、それまで産業廃棄物についてのみの計画であった都道府県計画を一般廃棄物をも含めたもの

にする必要があることから定められました。また、②の施設整備計画は1997年改正で設けられていますが、これは前述したように、これまで緊急措置法で定められていた施設整備計画について、国全体の社会資本整備の在り方の見直しに伴い一般法である廃棄物処理法の中で規定することとしたものです（**第3章④**（31ページ）参照）。なお、④の一般廃棄物処理計画は当初の廃棄物処理法から定められていたものですが、計画事項等その内容について詳細に規定されています。

都道府県廃棄物処理計画

都道府県廃棄物処理計画では㋐廃棄物の発生量・処理量の見込み、㋑廃棄物の減量・適正処理に関する基本的事項、㋒一般廃棄物の適正処理のための体制に関する事項、㋓産業廃棄物処理施設整備に関する事項、㋔非常災害時に関する事項等を定めることとされています。

市町村廃棄物処理計画

市町村の定める一般廃棄物処理計画では㋐一般廃棄物の発生量・処理量の見込み、㋑排出抑制方策、㋒分別収集の種類・区分、㋓適正処理・実施者に関する基本的事項、㋔処理施設整備に関する事項等を定めることとされています。自治体によっては家庭ごみの分別種類等が異なっていますが、これはこの一般廃棄物の処理計画が地域の実情を踏まえ市町村ごとに定められることによります。

4 廃棄物処理のポイント

ア 一般廃棄物

　一般廃棄物については、市町村が一般廃棄物処理計画に従ってその区域内のものを生活環境に支障が生じないうちに収集、運搬、処分（再生を含む）しなければならない（法6条の2第1項）とされています。一般廃棄物処理の市町村責任を定めたものです。処理計画では基本計画と各年度の実施計画を定めることとしています（則1条の3）。

　ごみの処理は市町村の公共サービスの一環としてその基本的な事務の一つとして定められています。したがって市町村民税や固定資産税等の基礎的な財源でもってその経費を賄ってきましたが、ごみの内容も複雑化し、その減量化、分別によるリサイクル等に多額の費用がかかるようになり、各地でごみ処理の有料化の議論が行われるようになりました。2000年の廃棄物処理法の改正で設けられた政府の基本方針が2005年に改正されますが、その中で、地方公共団体の役割として「経済的インセンティブを活用した一般廃棄物の排出抑制や再生利用の推進、排出量に応じた負担の公平化、住民の意識改革を進めるため、一般廃棄物の有料化を進めるべきである」とされます。いわゆる家庭ごみのごみ処理の有料化です。有料化している市町村は、粗大ごみを除いた生活系ごみで64.3%、事業系ごみで85.7%となっています（2016年度）。

ごみ処理とその手数料

　ごみ処理については、清掃法の時代から市町村の条例で手数料を徴収することができるとされていました。一方、地方自治法では「普通地方公共団体は、当該普通地方公共団体の事務で特定の者のためにするものにつき、手数料を徴収することができる」（地方自治法227条）とされていました。そこで手数料を徴収できるのは一私人の要求に基づきその利益のためにする事務のことで、もっぱら自治体の行政上の必要のためにする事務については手数料を徴収できないのでは、との解釈もありました。清掃法時代ですが、清掃手数料の取り消しを求めた裁判がありました。1966年4月の金沢地裁判決です。市町村の行うごみの収集処分は市町村に課せられた義務ではあるが、住民の利益のために行われる役務の提供でもあるとして、地方自治法の手数料として徴収でき、清掃法の規定はそのことを確認したものであるとの解釈を示していました[注20]。

　廃棄物処理法でも清掃法の条文を引き継ぎ、手数料の根拠条文（旧法6条6項）[注21]がありましたが、どちらかといえば、地方自治法の特則であるかのように解釈されていました。1999年の分権改革で廃棄物処理法の手数料に関する条文が削除されましたが、地方自治法の手数料の規定を確認したものと考えられたからと言います。藤沢市ごみ収集義務確認訴訟という裁判があります。この裁判ではごみ処理に手数料を徴収することは地方自治法の手数料の規定に違反するものではなく、自治体の裁量の範囲内とされました。

（注20） この訴訟についてはその後市長の交代により手数料が廃止されたことで訴えも取り下げられています。

（注21） 廃棄物処理法の旧6条6項では「市町村は、当該市町村が行う一般廃棄物の収集、運搬及び処分に関し、条例で定めるところにより、手数料を徴収することができる」とされていました。

ごみ処理の有料化に関する基本方針

この基本方針の中で国の役割として「市町村や都道府県が行う減量その他適正な処理のための取組が円滑に実施できるよう、一般廃棄物の処理に関する事業コスト分析や有料化の進め方…を示すなどを通じて技術的及び財政的な支援に努める」とされました。この基本方針を受けて2007年6月には①「一般廃棄物会計基準」、②「一般廃棄物処理有料化の手引き」、③「市町村における循環型社会づくりに向けた一般廃棄物処理システムの指針」が環境省で作成されました。なお、①は2021年5月、②は2013年4月、③は2013年4月に改訂されています。

コラム

藤沢訴訟

藤沢市はごみ処理の有料化の一環として、市民がごみを排出する場合には有料の指定収集袋を使用することを条例で義務付けました。それに対し住民である原告は、地方自治法の手数料徴収規定に反するとして指定収集袋以外で排出されたごみでも収集するように、その義務の確認を求めました。原告側は、手数料は「特定の者のためにすること」を要し、家庭からのごみの処理は、もっぱら自治体の行政上必要な事務で手数料は徴収できないと主張しました。裁判所は、「行政目的を達成するために必要な事務であるとともに、個々人のためにする事務」とし、さらに「排出者の排出行為と収集運搬行為を一対一の関係で対応させることが可能」として受益者に負担を課すことが可能で手数料の概念に当てはまる、としました。手数料額も含め、自治体の裁量の範囲内との評価で原告側の主張を退けています（横浜地裁平成21年10月14日判決）。

イ　産業廃棄物

　産業廃棄物については、排出事業者責任を踏まえて、事業者は、その産業廃棄物を自ら処理しなければならない（法11条1項）、とされています。一方、市町村は一般廃棄物とあわせて処理できる産業廃棄物を処理できます（法11条2項）。「あわせ産廃」と言われるもので、紙くず、木くず等のように清掃法の時代から市町村で処理されていたような産業廃棄物が対象になります。また、公益上の見地から市町村も都道府県も必要があれば産業廃棄物の処理がそれぞれできるような規定もあります（法11条2項、3項）。

> **Q-7** 家具の製造業者から排出される軍手等に木くずが付着している場合の取扱いはどうすればいいですか。

　A-7 家具の製造業から排出される軍手等は繊維くずですが事業系の一般廃棄物になり、木くずは産業廃棄物になります。原則は分離して排出することになりますが、市町村によっては総体事業系一般廃棄物として、まとめて処理しているところもあるようですので、まずは当局への相談が必要となります。なお、事業系一般廃棄物の処理責任は事業者にありますので、事業規模が小さくても家庭ごみとして排出することはできません。不法投棄になりかねませんので、注意が必要です。

第2部

本論―基礎から押さえる廃棄物処理法―

Q-8 スーパーマーケット等の店頭で回収したペットボトルをお店が排出した産業廃棄物として取り扱っていいですか。

A-8 消費者により排出されたペットボトルは本来一般廃棄物ですが、店頭回収がリサイクルのための回収ルートの多様化に資することから、お店の本来事業でペットボトルを販売しているなど事業活動の一環として回収されているような場合には、お店が排出した産業廃棄物として取り扱って差し支えないという通知が発出されています[注22]。一方、当初から市町村の一般廃棄物処理計画の下で適正処理されているような場合には、一般廃棄物としての適正処理を妨げるものではない、ともしています。

（注22） この通知は「店頭回収された廃ペットボトル等の再生利用の促進について」（平成28年1月8日環廃企発第1601085号、環廃対発1601084号、環廃産発第1601084号）です。

第**6**章

Chapter 6

廃棄物処理の基準等

一般廃棄物処理のポイント

ア　一般廃棄物の処理基準

　一般廃棄物についてはその収集、運搬、処分に関する基準（一般廃棄物処理基準）が①収集運搬、②処分（再生を含む）、③埋立処分について定められています（法6条の2第2項）。市町村のみならず一般廃棄物処理業者は処理基準に従った処理をしなければなりません（法7条13項）。事業者等が一般廃棄物を自ら処理するような場合にはこの基準は適用されませんが、そのことにより生活環境の保全に支障が出たような場合には措置命令の対象になりますので注意が必要です（法19条の4）。

　まず①収集運搬の基準は以下のとおりです（令3条1号）。

　㋐　廃棄物が飛散・流出しないようにし、悪臭・騒音・振動による生活環境保全上支障が生じないように必要な措置を講ずるとともに、施設設置する場合も同様に必要な措置を講ずること(注23)

　㋑　運搬途中で積み替える場合以外の保管を禁止。いわゆる「野積みの禁止」

　㋒　分別の区分に従って収集運搬すること

　次に②再生を含む処分の基準です（令3条2号）。上記㋐（飛散防止等）のほか、以下があります。

　㋓　廃棄物の焼却（熱分解を含む）は必ず一定の焼却設備（熱分解設備）を用いて一定の方法で行うこと。いわゆる「野焼きの禁止」。

　このことについては2000年改正で、処理基準や他法令による焼却、社会慣習上のやむを得ない焼却以外の焼却を禁止する規定が追加され

（注23） 収集運搬の基準には本文のほか、a運搬車・運搬容器・パイプラインは廃棄物が飛散・流出や悪臭漏れのおそれのないものであること、b船舶を用いる場合には一定事項の表示と一定の書面の備付をすること、が定められています（令3条1号ハ、ニ）。

ています（法16条の2）。

　次に③埋立処分の基準です（令3条3号）。上記⑦（飛散防止等）の
ほか、以下があります。

　　㋔　周囲の囲い、場所の表示に加え、遮水を要することから廃坑等
　　　の地中空間の利用の禁止

　　㋕　埋立地からの浸出液による公共水域や地下水への汚染防止措置

　　㋖　埋立処分方法、終了時の規制

　そのほか、石綿含有廃棄物、家電製品、浄化槽汚泥、水銀処理物等
については守るべき基準が追加されています。

　また、④海洋投入処分は禁止されています（令3条4号）。

運搬中の積替基準、積替えのための保管基準、処分再生のための保管基準

　運搬中の積替えには、a周囲に囲いを設け積替え場所の表示をすること、b廃棄物が飛散流出、地下浸透、悪臭発散しないように必要な措置を講ずること、c積替え場所でのねずみの生息や害虫の発生の防止、が定められています（令3条1号ヘ）。

　また、運搬中は積替えのため以外の保管は禁止されていますが、積替えのために保管する場合にも、a構造耐力上安全な囲いが設けられていること、b見やすい箇所に保管場所であることなど一定の事項を表示した掲示板が設けられていること、c保管場所から廃棄物が飛散流出、地下浸透、悪臭発散しないように一定の措置（必要な場合に排水溝を設ける、底面を不浸透性の材料で覆う、容器を用いない場合には一定の高さまでにする）を講ずること、d保管場所でのねずみの生息や害虫の発生の防止、が定められています（令3条1号チ、リ）。

　さらに、処分のための保管にも【積替えのための保管基準】が適用されています。また、再生のために分別・収集したものは再生するようにということも定められています（令3条2号ハ、ニ）。

埋立処分基準

　埋立処分には、a浸出液による汚染防止措置として、遮水工、保有水等集排水設備、一定の浸出液処理設備、開渠（開口部からの地表水の流入防止用）等の設置が求められていますが、不透水性地層がある場合の遮水工、雨水が入らない埋立地の保有水等集排水設備など設備設置の必要のない場合も定められています。また、b小規模埋立地を除き廃棄物の一層の厚さは3m以下とし、一層ごとに表面を土砂で50cm覆うこと、c埋立地にはねずみの生息や害虫の発生の防止も定められています。さらに埋立処分を終了する場合の基準として、上記bに加え表面を土砂で覆うことが求められています（令3条3号ロ、ハ、ニ、ホ、則1条の7の3、1条の7の4）。

石綿含有一般廃棄物等の処理基準

　石綿含有一般廃棄物などその取扱いの困難さにより特別の処理基準が追加されています。①石綿含有一般廃棄物（工作物の新築、改築、除去に伴って生じたもので重量換算0.1%を超えて石綿を含有するもの）については収集運搬、処分、埋立処分の各段階で、②し尿処理施設の汚泥については再生の段階で、③家電製品（家電リサイクル法の特定家庭用機器一般廃棄物）については再生・処分、埋立処分の段階で、④浄化槽の汚泥やし尿については埋立処分の段階で、⑤水銀処理物については埋立処分の段階でより厳しい基準が追加されています（令3条1号ホ、ト、ヌ、2号ホ、ヘ、ト、3号ヘ、ト、チ、リ、ヌ）。また、特別管理一般廃棄物（一定のばいじんや感染性）を処分・再生したことにより生じた廃棄物については埋立処分の段階での基準（「特別管理一般廃棄物等を処分又は再生したことにより生じた廃棄物の埋立処分に関する基準」平成4年7月3日環境庁告示42号）が示されています（令3条3号ル、ヲ）。さらに、ばいじん・燃え殻又はそれらを処分するために処理したものについても埋立処分の段階での基準（＊）が追加されています（令3条3号ワ）（第11章参照）。なお、（＊）の基準は飛散防止のための水分添加・固型化・梱包、運搬車の洗浄、表面の土砂被覆等です。

Q-9 従業員数名のメッキ工場で、賄の残飯を生ごみとして自社内で埋め立てていますが、問題はないでしょうか。

A-9 産業廃棄物を自ら埋立処分する場合、自社内であっても産業廃棄物の処理基準に従う必要があります。一方、一般廃棄物を自ら処分する場合には処理基準は適用されません。この場合の残飯ですが、腐敗してどろどろになり汚泥と認識できるものなら産業廃棄物として処理基準に従う必要がありますが、動植物性固形状の不要物と認識できるものであれば、一般廃棄物に該当し、これを事業者が自ら処理する場合には処理基準は適用されません。しかし、この場合でも悪臭など生活環境に支障が生ずるおそれがあるなどの場合には法律による措置命令の対象になりますので、注意が必要です。

コラム
ごみ屋敷対策条例

近年、いわゆる「ごみ屋敷」問題がクローズアップされてきました。身寄りのない一人暮らしのお年寄り等が生活ごみ等を自宅内や敷地に長期間放置し、積み上げ、そのことにより悪臭や害虫の発生、ごみの崩落や火災等の危険を生じさせるなど、周辺の生活環境を損なっているような事例です。このような状況に対処するため、条例を制定する市町村がでてきました。いわゆる「ごみ屋敷対策条例」です（平成29年度「ごみ屋敷」に関する調査報告書　環境省）。条例の内容は、市町村によって重点の置き方が異なってはいますが、概して、①ごみをため込んでしまった本人に対して生活相談をはじめとする支援を行うこと、②周辺の生活環境保全のために、本人に対してごみの排出支援を行うとともに、助言・指導・勧告・命令等や、最終的には行政代執行による処理、という構成になっています。最近の条例では、ごみ屋敷に積まれている物が廃棄物であるかどうかにかかわりなく対応できるよう、生活環境を損なっている原因を「廃棄物」ではなく「物」の堆積によるとしている条例を多く見かけます。これによりため込まれ積みあがっている物が廃棄物に該当するかどうか判断することなく対策が図られるというメリットがあります。

イ 一般廃棄物の委託基準

　まず、市町村が委託する場合の基準です（法6条の2第2項、令4条）。受託者要件として、㋐施設・人員・財政的基礎・経験を有すること、㋑欠格事由（注24）に該当しないこと、㋒自ら実施する者であること、が定められ、さらに、㋓一般廃棄物処理の基本的な計画策定を委託しないこと、㋔委託料が業務遂行に足りる額であること、等について定められています。また、処分・再生の場所が当該市町村以外の市町村で行う場合の特例等が定められています。

　次に事業者が委託する場合の基準（法6条の2第6項、7項）ですが、運搬も処分も許可を得た業者に委託する必要があります。一般廃棄物の処理業の許可は市町村ごとですので、事業者が委託する場合は積卸区域、処分区域に注意し、当該区域の市町村の許可を有している業者を選択しなければなりません。なお、一般廃棄物収集運搬業者、一般廃棄物処分業者が再委託することは禁止されています（法7条14項）（注25）。

　そのほか、土地・建物の占有者については、その一般廃棄物について容易に処理できるものは自ら処分するという努力義務、分別保管等市町村が行う処理への協力義務（法6条の2第4項）、多量排出者に対する減量計画の作成等の市町村長の指示権（法6条の2第5項）が定められています。また、市町村での処理が困難な一般廃棄物については、環境大臣指定（注26）により、市町村がその製品の製造事業者等に適正処理を補完するための協力を求めることができる（法6条の3）との規定もあります。

（注24） 欠格事由については、それに該当しないことが一般廃棄物処理業の許可要件になっていますので、「第7章　廃棄物処理業の許可」のところで詳述したいと思います。

（注25） 受託者は原則再委託できず自ら実施しなければなりませんが、非常災害時においては一定の基準により再委託できる場合もあります（令4条3号、則1条の7の6）。

（注26） 環境大臣が指定している一般廃棄物は、①廃ゴムタイヤ（自動車用）、②廃テレビ受像機（25型以上）、③廃電気冷蔵庫（250l以上）、④廃スプリングマットレスであり、一般的には買い替えの際の引き取り等の協力が求められます（平成6年3月14日厚生省告示51号）。このうち②と③は家電リサイクル法が適用されることになります。

より
深く…

一般廃棄物の委託基準

　本文にあるほか、市町村が行う委託の委託基準には、①委託料等に関する規定、②処分再生の場所、方法に関する規定、③委託契約の条項に関する規定（受託者要件に適合しないときに解除できる等）があります。また、処分再生の場所が委託市町村以外の市町村の区域にあるときには、その市町村に、処分再生の場所の所在地・受託者の氏名等をあらかじめ通知すること、処分・再生の実施の状況を1年に1回以上確認すること、が求められています（令4条）。また、事業者が行う委託の委託基準には、委託先の事業の範囲がその一般廃棄物を業として処理できる者であることが定められています（令4条の4）。

許可業者以外で委託できる者

　事業者が一般廃棄物の処理を許可業者以外に委託できる者として、①いわゆる「もっぱら物」（専ら再生利用の目的となる廃棄物）のみを扱う業者（**第7章①ア**（112ページ）参照）、②市町村の委託を受ける者等処理業の許可を要しない者、③特別管理産業廃棄物収集運搬業者や処分業者等、④再生利用認定、広域処理認定、無害化処理認定を受けた者が定められ、特に運搬については食品リサイクル法の再生利用事業認定計画に従って運搬を業とする者が定められています（則1条の17、1条の18）。

② 産業廃棄物処理のポイント

ア　産業廃棄物の処理基準

　産業廃棄物については、一般廃棄物同様その処理基準（産業廃棄物処理基準）が①収集運搬、②処分（再生を含む）、③埋立処分、④海洋投入処分について定められています（法12条1項）。一般廃棄物と異なり、海洋投入処分も一定の場合は許されていますし、運搬等の処

理行程に入る前の保管も認められています（法12条2項）。また、産業廃棄物の場合は、事業者は自ら処理する場合でも、これらの処理基準に従わなければなりません。

　まず、①収集運搬の基準です（令6条1項1号）。まず、前記一般廃棄物処理基準⑦の基準（飛散防止等）によるほか運搬車の表示と書面の備付けが求められています。収集運搬中の積替えや保管の基準は一般廃棄物とおおむね同様です。

　次に②処分再生の基準です（令6条1項2号）。ここも基本的に一般廃棄物と同様、前記一般廃棄物処理基準⑦の基準（飛散防止等）、㋑の基準（焼却規制等）によることとされています。

　次に③埋立処分の基準です（令6条1項3号）。これについては、産業廃棄物は様々な種類の物があり、環境汚染への対応も様々です。一般廃棄物処理基準相当まで求める必要のないもの、一般廃棄物処理基準以上の処分を求める必要のあるものなどがあります。ⅰ）一般廃棄物処理基準相当まで求める必要のないものとして、がれき類等の「安定型産業廃棄物」については一般廃棄物で禁止されている地中空間を利用して処分ができます。ⅱ）「有害な産業廃棄物」については公共水域や地下水と全く遮断された状況で処分する必要があります。ⅲ）いわゆるその中間の産業廃棄物については一般廃棄物処理基準に準じた処分場で処分ができることになっています。後述する最終処分場の区分でいえば、ⅰ）が安定型最終処分場、ⅱ）が遮断型最終処分場、ⅲ）が管理型最終処分場です。

　産業廃棄物の埋立処分の処理基準として法令では複雑な表現となっています。共通する基準として、一般廃棄物処理基準⑦の基準（飛散防止等）による^(注27)ほか、周囲の囲い、場所の表示も求められています。

（注27） 一般廃棄物の埋立処分の基準である、ねずみの生息や害虫の発生の防止や埋立処分を終了する場合の表面の土砂被覆も、産業廃棄物の埋立処分にあたってその例によるとして適用されています（令6条1項3号）。

そのうえで、いわゆる「安定型産業廃棄物」については地中空間の利用が可能とされています（安定型最終処分場）。これは安定型産業廃棄物が無機物で化学的に安定していて土中での変化や溶出した汚染水による環境汚染がないとされているからです。したがって浸出液の汚染防止措置が講じられていない埋立地については、安定型産業廃棄物以外の廃棄物が混入し、付着することのないようにしなければなりません（注28）。

次に「有害な産業廃棄物」についてですが、これらについてはその旨の表示をするとともに、公共水域・地下水と遮断しなければなりません（遮断型最終処分場）。水銀等の有害物質を含むばいじんや燃え殻等は完全に隔離する必要があります。

最後にそれ以外の産業廃棄物についてですが、浸出液の汚染防止対策について一般廃棄物処理基準㋕の基準（浸出液による汚染防止）によるとされています（管理型最終処分場）（注29）。

産業廃棄物の埋立処分については廃棄物の種類に応じた基準もあります。汚泥・有機性汚泥、廃油、廃プラスチック類、ゴムくず、ばいじん・燃え殻やその処理物、腐敗物についての定めがあります。廃酸・廃アルカリの埋立処分は禁止されています。その他感染性廃棄物の処理物についての定めもあります（注30）。

（注28）「がれき類」については、安定型産業廃棄物以外の木くず・紙くず・繊維くず等が混入・付着することを防止する方法についての告示があります（「令第6条第1項3号ロの規定に基づく工作物の新築、改築又は除去に伴って生じた安定型産業廃棄物の埋立処分を行う場合における安定型産業廃棄物以外の廃棄物が混入し、又は付着することを防止する方法」平成10年6月16日環境庁告示34号）。この告示では、安定型とそれ以外を分別排出して混入付着のないようにする方法と手・ふるい等で選別した場合は安定型の熱しゃく減量を5％以下としたうえで混入付着のないようにする方法が示されています。
（注29）浸出液防止措置については安定型産業廃棄物のみを埋め立てる場合には一定の場合（浸透水のCOD・BODが基準以下等）には必要のないものとされています（則7条の9）。
（注30）感染性産業廃棄物を処分再生したことにより生じた廃棄物についても基準（「特別管理一般廃棄物等を処分又は再生したことにより生じた廃棄物の埋立処分に関する基準」平成4年7月3日環境庁告示42号）が示され、処分方法（焼却、溶融、滅菌・消毒）ごとにそれぞれ感染性がないようにするとともに、処分により生じたもので液状のものは埋立処分を禁止し、泥状のものは含水率85％以下にすることとされています（令6条1項3号ツ）。

　また、石綿含有廃棄物など特別な規制をする必要のあるものについては、産業廃棄物についても一般廃棄物同様、①収集運搬、②処分再生、③埋立処分ごとに特別な規制があります。

　なお、④の海洋投入処分（令6条1項4号）ですが、産業廃棄物については、建設汚泥や摩砕した動物性残さなどについて船舶からの海洋投棄が認められています。ただ、埋立処分に支障のないものは海洋投入処分をしないようにとされています（令6条1項5号）。

運搬中の積替基準、積替えのための保管基準、処分再生のための保管基準、運搬までの保管基準

　産業廃棄物においても、運搬中の積替えについては一般廃棄物の積替えの基準によるとされています（①アー一般廃棄物の処理基準（72ページ）参照）。

　また、運搬中の積替えのための保管についても一般廃棄物の積替えのための保管基準によることとされているほか、保管する産業廃棄物の数量上限が定められており、船舶で運搬する場合の特例等を除き、保管場所の1日あたり平均搬出量の7倍を超えないようにすることとされています（令6条1項1号ホ）。

　さらに、処分再生についても保管基準があり、一般廃棄物の積替保管基準によるほか、保管期間の制限、数量制限（処理施設の1日当たり処理能力の14倍以下）があります。なお、この数量制限については船舶で運搬する場合や廃棄物の種類等による特例が定められています（令6条1項2号ロ）。

　産業廃棄物については、一般廃棄物では認められていない、運搬までの保管基準（産業廃棄物保管基準）が定められています（法12条2項、則8条）。具体的には、a周囲に囲い（囲いは廃棄物の荷重に対して構造耐力上安全であること）を設け一定の事項を記載した掲示板を掲げること、b飛散・流出・地下浸透・悪臭の発散がないようにすること（汚水による汚染防止のため排水溝の設置や底面を不浸透性の材料で覆うこと、容器を用いない屋外保管にあっては積み上げられた廃棄物の高さを制限すること等）、c保管場所でのねずみの生息や害虫の発生の防止、が定められています。特に石綿含有産業廃棄物につい

ては混合防止のための仕切りや飛散防止のための覆い・梱包が、水銀使用製品産業廃棄物については混合防止のための仕切り等が求められています。積替えや処分再生のための保管基準とは異なり、数量制限はありません。

なお、建設工事に伴い生ずる産業廃棄物については、その事業場の外で自ら保管する場合はあらかじめ都道府県に届出をしなければなりません（法12条3項、4項）。この場合の保管は運搬までの保管ではなく収集運搬処分に伴う保管ですので、数量制限があり、注意が必要です。

安定型産業廃棄物

安定型産業廃棄物とは、①廃プラスチック類（自動車等破砕物、鉛を含む廃プリント配線板、有機性物質等が混入・付着した廃容器包装、水銀使用製品を除く）、②ゴムくず、③金属くず（自動車等破砕物等、廃プリント配線板、鉛蓄電池の電極、鉛製の管・板、廃容器包装、水銀使用製品を除く）、④ガラスくず・コンクリートくず・陶磁器くず（自動車等破砕物、廃ブラウン管、廃石膏ボード、廃容器包装、水銀使用製品を除く）、⑤がれき類等です。そのほか大臣の指定するものとして、石綿関連の廃棄物（鉱さい）を溶融、無害化処理したことにより生じた産業廃棄物が定められています。なお、自動車等破砕物いわゆるシュレッダーダストについては廃プラスチック類、金属くず・ガラスくず等に該当し、以前は安定型産業廃棄物として処分されていましたが、溶出試験で有害物質が検出されたこともあり、現在は安定型産業廃棄物としての処分は禁止されています（令6条1項3号イ）。ただし、自動車の窓ガラス、バンパー（プラスチック又は金属からなる部分）、タイヤは引き続き安定型での処分が可能です（「廃棄物の処理及び清掃に関する法律施行令第6条第1項第3号イ(1)に規定する環境大臣が指定する自動車（原動機付自転車を含む）又は電気機械器具の一部」平成7年3月30日環境庁・厚生省告示1号）。

遮断型最終処分場で処分する有害な産業廃棄物

有害な産業廃棄物としては、①燃え殻・ばいじん・汚泥で水銀とその化合物を含むものを処分するために固型化処理したもの、②燃え殻・ばいじんで

カドミウム等の有害物質（注31）を含むもの及びそれらを処分するために処理したもの、③汚泥でカドミウム等の有害物質（注32）を含むもの及びそれらを処分するために処理したもの、④汚泥でシアン化合物を含むものを処分するために固型化処理したもの、で判定基準不適合のものが定められています（令6条1項3号ハ、判定基準省令）。ここで定められているのは特別管理産業廃棄物とされているもの以外のものということになります。なお、それぞれの有害物質も基準不適合のものに限られます。

埋立処分にあたっての廃棄物の種類に応じた基準

　埋立処分については産業廃棄物の種類によりそれぞれ基準があります。①汚泥の埋立処分（水面埋立を除く）には焼却・熱分解又は含水率85％以下にすることが定められ、一定の有機性汚泥の水面埋立処分には焼却・熱分解をすることが定められています。②廃油についてはあらかじめ焼却・熱分解を行うことが、③廃プラスチック類についてはあらかじめ破砕・切断（中空でなく15cm以下に）、溶融加工、焼却、熱分解を行うことが、④ゴムくずはあらかじめ破砕・切断（15cm以下）、焼却、熱分解を行うことが定められています。また、⑤ばいじん・燃え殻及びその処理物についても一般廃棄物同様飛散防止措置が求められています。⑥腐敗物（注33）を含む産業廃棄物については、一層の厚さ3m（腐敗物40％以上は50cm）以下とし、一層ごと50cm土砂で被覆することが求められています（令6条1項3号ヘ〜ヲ）。

石綿含有産業廃棄物等の特別な処理基準

　石綿含有産業廃棄物などについてはさらに特別な処理基準が定められています。まず、①収集運搬に関し、石綿含有産業廃棄物や水銀使用製品産業廃棄物については、破砕することのないように、かつ、他のものと混合するおそれのないように区分することが、積替えやその保管には混合することのないよう仕

(注31) カドミウム・鉛・砒素・セレンとその化合物、六価クロム化合物及び1・4ジオキサン

(注32) カドミウム・鉛・砒素・セレンとその化合物、有機リン化合物、六価クロム化合物、PCB

(注33) 有機性汚泥、動物性残さ、とさつ解体した獣畜・食鳥処理した食鳥、家畜ふん尿、動物の死体、これらを処分するために処理したもの（熱しゃく減量15％以下に焼却したもの、コンクリート固化したものを除く）

切りを設ける等の措置が求められています（令6条1項1号ロ、ニ、ヘ）。

　次に②処分再生に関してですが、特定家庭用機器産業廃棄物についてはその方法（「特定家庭用機器一般廃棄物及び特定家庭用機器産業廃棄物の再生又は処分の方法として環境大臣が定める方法」　平成11年6月23日厚生省告示148号）が示され、鉄、アルミニウム、銅等を分離して回収する方法等が示されています。また、石綿含有産業廃棄物について、処分再生は告示（「石綿含有一般廃棄物及び石綿含有産業廃棄物の処分又は再生の方法として環境大臣が定める方法」　平成18年7月27日環境省告示102号）により溶融や無害化処理等の方法が示され、水銀使用製品産業廃棄物や水銀含有ばいじん等については、飛散防止措置を講ずることや水銀等を多く含むもの（＊）はあらかじめ回収することが求められています（「水銀使用製品産業廃棄物等から水銀を回収する方法」平成29年6月9日環境省告示57号）。保管は①の収集運搬の例によることとされています（令6条1項2号ハ、ニ、ホ）。

　さらに、③埋立処分に関してですが、特定家庭用機器産業廃棄物についてはあらかじめ②の方法にしたがって再生処分することが求められています。石綿含有産業廃棄物については、埋立処分には一定の場所で分散しないように、埋立地の外に飛散流出しないように表面を土砂で覆うことなどが求められています。水銀・その化合物を含むばいじん・燃え殻・汚泥、それらを処分するために処理したもの、シアン化合物を含む汚泥やその処理物については基準適合と固型化が求められています（判定基準省令、「金属等を含む廃棄物の固型化等に関する基準」昭和52年3月24日環境庁告示5号）。汚泥についてはトリクロロエチレン等の物質（特別管理産業廃棄物で規定されている廃溶剤（**第4章②ア【_{より}深く…**「特別管理産業廃棄物」】（56～57ページ）の（注17））やチウラム、シマジン、チオベンカルブ）を含むものやその処理物について判定基準省令の基準に適合することが求められています。PCBに関し、廃PCB等、PCB汚染物・処理物の処分再生で生じた廃棄物や、廃石綿等や石綿含有産業廃棄物の処分再生で生じた廃棄物については、それぞれの基準（「特別管理一般廃棄物等を処分又は再生したことにより生じた廃棄物の埋立処分に関する基準」平成4年7月3日環境庁告示42号）により基準適合することが求められています（令6条3号カ、ヨ、タ、レ、ソ、ネ、ナ、ラ、ム）。

（＊）は**第11章③**（197ページ）の（注60）です。

海洋投入処分が認められているもの

　海洋投入処分が認められているものは、油分等判定基準省令（廃棄物の処理及び清掃に関する法律施行令第6条第1項第4号に規定する油分を含む産業廃棄物に係る判定基準を定める省令）に定める基準に適合するもので、汚泥（一定の施設（＊）で生じたもの）や建設汚泥、廃酸・廃アルカリ（一定の施設（＊＊）で生じたもので水素イオン濃度5.0以上9.0以下）、摩砕した動物性残さ、浮遊性夾雑物を除去した家畜ふん尿です。これらの海洋投入処分は船舶からのみ認められ、飛散防止等の措置が必要です。

（＊）a食用・飲用に供することができるアミノ酸・ビタミン類等の製造用分
　　離施設等、b水酸化アルミニウムの製造用洗浄施設等

（＊＊）（＊）のaの施設です。

Q-10　建設会社から排出された紙ごみについて、処理業者が収集運搬するまでの間、自社の敷地に野積みで保管していました。問題はあるでしょうか。

A-10　建設業者から排出される紙ごみについてですが、工作物の新築、改築、除去等に伴って生じたものは産業廃棄物となりますので、保管基準に従った保管をしなければなりません。敷地に野積みということであれば一般的には基準違反になるでしょう。一方、その紙ごみが工事等から生じたものではなく一般事務からのものであれば、一般廃棄物になります。一般廃棄物では保管は積替えのため以外は禁止されていますが、そもそも一般廃棄物を自社で扱っている段階では処理基準は適用されませんので、直ちに基準違反ということはありません。ただし、野積みが長期化して周辺環境に影響を及ぼすおそれが生じた場合等は措置命令の対象になりますし、場合によっては不法投棄になりかねません。注意が必要です。

イ　産業廃棄物の委託基準

　次に委託の基準です（法12条5項、6項）。産業廃棄物の運搬・処分を委託する場合は、原則として運搬についても処分についても、許可を得ている収集運搬業者、処分業者にそれぞれ委託しなければなりません。委託自体ができるということは当初の法律から定められていましたが、1976年改正で委託基準に従った委託が求められるようになりました。ここで「それぞれ」とあるのは、収集運搬は収集運搬業の許可業者に、処分は処分業の許可業者に委託しなければならないということです。収集運搬業の許可業者に処分までまとめて委託はできません。都道府県の県境を越えて運搬するような場合も注意が必要です。受託者においてそれぞれ積卸し区域の都道府県知事の許可が必要になります。また、許可は産業廃棄物ごととされていますので、委託の相手方である受託者が委託しようとしている産業廃棄物の許可を持っているかどうかなども知っておく必要があります。なお、輸入廃棄物も産業廃棄物になりますが、災害等の特別の事情のない限り輸入した者がこの処分再生を委託することはできません（令6条の2）。

　また、処理委託を受けた廃棄物を別の業者にその処理を再委託することは、産業廃棄物についても一般廃棄物同様原則は禁止です（法14条16項）。これは委託を受けた産業廃棄物の処理業者は自ら処理できるということで処理業の許可を受けていること、再委託を安易に認めると処理責任が不明確になること等からです。ただし、産業廃棄物処理の実態に鑑みて一般廃棄物では認められない再委託について一定の場合は認めています。例えば、①あらかじめ委託しようとする者を明らかにして排出事業者から書面による承諾を受けているような場合、②中間処理産業廃棄物（中間処理業者が行った処分に係るもの）について委託する場合、③措置命令等を受けた処理業者がその内容を履行するために必要な範囲で委託する場合などです（令6条の12、則10条の7）。

　さらに、委託するには「書面」をもってしなければなりません（令6条の2第4号）。これは1991年改正に伴う施行令で新たに規定されたものです。書面には委託する産業廃棄物の種類・数量等の記載が必要です。そのほか適正な処理委託となるように委託料金や受託者の許可事業の範囲、委託した産業廃棄物の性状等の情報を記載することとされています。料金に関しては、排出事業者が適正な対価を負担せず廃棄物の処理に不適切な事態が生じたときには、排出事業者は措置命令（法19条の6）の対象になります。また、性状等の情報については環境省から「廃棄物情報の提供に関するガイドライン―WDS（Waste Data Sheet）ガイドライン」（平成18年3月、25年6月）が発出されています。

　排出事業者責任の強化という観点もあり、2000年改正で排出事業者が処理の委託をする場合には最終処分が終了するまでの一連の工程の処理が適切に行われるよう必要な措置を講ずる努力義務が課せられました（法12条7項）。これに関し、2010年改正で「処理状況の確認を行い」という文言が追加されています。この処理状況の確認を怠った事業者は、適正な処理委託をしていたとしても措置命令の対象となり得ますので注意が必要です。なお同改正で、産業廃棄物の処理業者は、その処理を受託している廃棄物を適正に処理できなくなったときには委託者に通知しなければならない（法14条13項）とされましたが、この通知を受けた場合も排出事業者は生活環境保全のために適切な措置を講じなければなりません。

　そのほか、産業廃棄物の排出事業者について、処理施設を有する場合は事業場ごとに産業廃棄物処理責任者を置かなければならないこと、多量排出事業者（前年度1,000トン以上の廃棄物を発生した事業場）は減量等の処理計画を提出しなければならないこと、自ら処理する場合等は帳簿を備え、処理に関する事項を記載し、保存しなければならないこと、が定められています（法12条8項〜13項）。

許可業者以外に委託できる者

　処理業の許可を有していなくても委託できる者として、①市町村、都道府県、②いわゆる「もっぱら物」のみを扱う業者、③特別に処理業の許可を要しない者、④再生利用認定、広域処理認定、無害化処理認定を受けた者が定められています（則8条の2の8、8条の3）。

産業廃棄物の処理の再委託について

　産業廃棄物の処理の再委託禁止の規定については、当初委託を受けた処理業者に処理施設の事故等緊急的な事態が生じた場合に限定されるのでは、という疑義がありました。そこで再委託基準等により再委託することは法の趣旨に反するものではなく、緊急時に限定されるものではない、という通知が発出されています（「「規制・制度改革に係る追加方針」（平成23年7月22日閣議決定）において平成23年度に講ずることとされた措置について」平成24年3月30日環廃産発第120330002号）。

　ただし、適正な再委託の手続きが行われていても当初の委託に問題がある場合があり注意が必要です。例えば、A県で発生した廃棄物をB県で処分する場合に、B県の運搬業の許可を有する業者b（A県の運搬業の許可はない）に委託し、A県内の運搬はbがA県の運搬業の許可を有するaに再委託するようなケースです。当初の委託がA県内の運搬業の許可のないbに委託していることから違法となります。排出事業者は直接aと委託契約を結ぶ必要があります。

　また、焼却等の中間処理をした後に生ずる焼却残さ等の廃棄物の最終処分の委託についてです。当初の排出事業者が焼却等の中間処理を含め最終処分まで処理業者に委託した場合、処理業者の有する最終処分場で処理しきれなくて別の最終処分業者に最終処分を委託する場合は再委託の手続きが必要です。しかし、2000年改正で法12条5項により中間処理業者（廃棄物の発生から最終処分が終了するまでの一連の処理の工程の中途において処分する者）が処理委託する場合には事業者に含まれましたので、当初の排出事業者

からの委託が中間処理までの場合、委託を受けた廃棄物の再委託という整理ではなく、事業者としての（中間）処理業者からの委託という整理もできると考えられています。しかし、この場合においても、排出事業者責任は当初の排出事業者が負いますし、当初の委託契約書にはその産業廃棄物の最終処分の場所、方法、施設の処理能力について記載しなくてはなりません（令6条の2第4号ホ）。

委託契約書の記載事項など

　処理委託するには書面によることが求められていますが、この書面には、種類・数量以外にも運搬委託にあっては運搬の最終目的地、処分再生にあってはその場所・方法・施設の処理能力、最終処分以外の処分の場合には最終処分の場所・方法・施設の処理能力の記載が求められています。種類・数量については産業廃棄物の区分に分けて記載する必要がありますが、産業廃棄物が混合して一体不可分となっているような場合は種類を明記して一括して数量を記載しても差し支えないことになっています（「廃棄物の処理及び清掃に関する法律の一部改正について」平成4年8月13日衛環第233号）。また、契約書に必要な添付書類としては、処理業の許可証の写し等委託しようとしている産業廃棄物が受託者の事業の範囲に含まれるものであることを証する書類等があげられています（則8条の4）。

　そのほか、委託契約書には、①委託契約の有効期間、②委託料金、③受託者の許可事業の範囲、④運搬契約で積替え・保管の場所・保管上限等、⑤適正処理のために必要な事項（廃棄物の性状・荷姿、腐敗・性状の変化、混合による支障、廃PCB等の含有マーク、水銀等の含有、取扱い注意事項）、⑥情報の伝達方法、⑦終了時の報告、⑧処理されないものの取扱いに関する記載が必要です（則8条の4の2）。

委託料金について

　委託料金についてですが、「適正な対価を負担してない」という点については、「排出事業者責任に基づく措置に係るチェックリスト」（平成29年6月20日）によれば、一般的な処理料金からして著しく低廉な料金のことで、半値程度又はそれを下回る料金で合理的理由が示せない場合等、としています。

処理状況の確認

「処理状況の確認」は排出事業者にとっては大変重要な改正で、これを怠ると措置命令の対象になりかねません。具体的に処理状況を確認する方法として、「排出事業者責任に基づく措置に係るチェックリスト」では、処理業者の事業用施設を実地に確認する方法や優良産業廃棄物処理業者に委託している場合等には委託先の処理業者が公表している処理情報や施設の維持管理情報を間接的に確認する方法が示されています。また、委託施設の外観を見るだけといった形式的な確認ではなく、委託した廃棄物の保管状況や処理工程等について処理業者とのコミュニケーションをとりながら実地確認することや、公開情報について不明な点や疑問点があった場合には処理業者に回答を求めるなど、適正処理がなされていることを実質的に確認することが必要とされています。

排出事業者責任に基づく措置に係るチェックリスト

このチェックリストは2016年に発覚した食品廃棄物不適正転売事案を受けて発出されています。この事案は動物性残さの産業廃棄物を処理し肥料や飼料として販売していた事業者が2010年ごろから過剰に受け入れるようになり、結果、廃棄物としての処理ができずそのまま商品として不正に転売し、マニフェストにおいても虚偽の報告をしていたという事案です。処理を委託した排出事業者の従業員が小売店で廃棄されたはずの食品がそのまま売られていたのを見つけて発覚しました。処理業者の関係者は廃棄物処理法違反、食品衛生法違反、詐欺罪で有罪が確定しました。処理を委託した排出事業者も約3,000トンの廃棄物のうち約2,000トンの撤去に協力しています。この事案を受け、再発防止策として、措置命令の強化、電子マニフェストの一部義務化等の措置が講じられました。さらに、自治体の監視強化、処理状況の積極的公表、排出事業者責任の徹底（マニフェストの確認、処理状況の実地確認）、処理委託時の工夫（廃棄にあたっては廃棄物とわかるように商品の包装を廃棄するなど）等の措置についての対応を図ることとされています（食品廃棄物の不適正な転売事案の再発防止のための対応について（平成28年3月14日））（食品リサイクル

法に基づく食品廃棄物等の不適正な転売の防止の取組強化のための食品関連事業者向けガイドライン（平成29年1月））。

　なお、この食品廃棄物不適正転売事案に関し、いわゆるコンサル的な第三者が排出事業者と処理業者の契約に介在し、あっせん等の行為が行われたことから、排出事業者は委託する処理業者を自らの責任で決定すべきであり、委託契約の内容（廃棄物の種類・数量・料金・期間など）についても第三者に委ねることなく決定するものであること、が強く求められています（「廃棄物処理に関する排出事業者責任の徹底について（通知）」 平成29年3月21日環廃対発第1703212号、環廃産発第1703211号）。

Q-11 産業廃棄物の処理を委託する場合に運搬業者や処分業者と結ぶ契約を委託者との三者契約として一つの契約書としても問題ありませんか。

A-11 排出事業者が処分業者Aの能力等を確認することなく、運搬業者Bの説明を聞いたのみで、A、Bを契約相手とする三者契約を締結することは委託基準に反する、という質疑応答があります。これは、一般的に運搬業者Bに丸投げして処分業者Aの許可等の確認をしないことなどを問題としてのものと考えられています。法律では「それぞれ」委託とありますから、A、Bそれぞれと契約内容等を確認する必要があり、契約途中での変更もありうることから二者間での契約書が望ましいとは思われますが、それぞれの契約を一つの契約書にまとめる三者契約がすべて違法とまでは言えないと考えます。なお、産業廃棄物処理業者の許可は事業ごとですので、許可等を確認する場合、その廃棄物の処理が委託先の事業の範囲かどうかも確認する必要があります。

Q-12 委託した産業廃棄物処理業者から「処理困難通知」を受けました。どのように対処したらいいですか。

A-12 産業廃棄物処理業者から処理困難通知を受けた場合には、排出事業者としては直ちに契約を解除するなどその後の産業廃棄物の処理を委託しない等の措置が必要です。さらに、必要なら現地確認をして保管されている産業廃棄物を回収するなり他の業者に処分させるなりしないといけません。直接の罰則はありませんが、対応次第では措置命令の対象となります（法19条の6）。

Q-13 中間処理業者が中間処理（焼却）を受託した産業廃棄物の焼却残さを最終処分業者に自ら運搬する場合に、運搬業の許可が必要ですか。

A-13 中間処理後（焼却後）の焼却残さであっても、その廃棄物の排出者は中間処理業者ではなく当初の排出者と解されていますので、中間処理業者が当該焼却残さを自ら運搬する場合であっても運搬業の許可が必要です。

コラム

利根川水系断水事案

　利根川水系の浄水場で水質基準を上回るホルムアルデヒドが検出され千葉県の5市36万戸で断水するという事故が発生しました（2012年5月19日から20日）。これは流域の事業場から排出されたヘキサメチレンテトラミンが浄水場で塩素と反応して発生したものと推定されました。排出事業者からの情報がなかったために処理業者が中和処理のみを行って河川に放流したことが原因と考えられています。それまでは焼却処理していた処理業者を変更したことから情報が伝わらなかったと言います。排出事業者からの情報提供の重要性を改めて示した事故です。事故後の検証過程で「廃棄物情報の提供に関するガイドライン」の改定（平成25年6月）も行われました。

ウ　産業廃棄物管理票（マニフェスト）

　産業廃棄物には一般廃棄物にはない管理票（マニフェスト）という仕組みがあります。排出事業者（中間処理業者を含む）はその産業廃棄物の処理を委託する場合には、引き渡しと同時にその受託者に産業廃棄物の種類・数量等を記載した産業廃棄物管理票を交付しなければなりません（法12条の3）。この管理票の規定は、当初は毒性等の強い特別管理産業廃棄物について1991年改正で導入されたものでした。しかし、1990年代の産業廃棄物を中心とする不法投棄の問題への対処として1997年改正で産業廃棄物全般に導入されました。排出事業者に最終処分までの廃棄物処理の工程を認識させ、その責任を自覚させる意味もあります。産業廃棄物は、一般的には排出事業者から収集運搬業者、中間処理業者、収集運搬業者、最終処分業者と流れますが、最終的には最終処分が終わった段階で排出事業者にその写しが送付され、最終処分が適正に行われたことを確認できる仕組みが構築されました。いわゆる管理票ループ、マニフェストループです（**図表6−1**）。

図表6−1 産業廃棄物管理票による管理

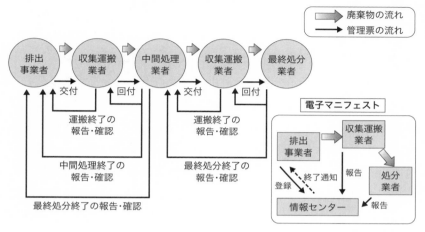

環境省資料より著者作成

　管理票については、架空の管理票の売買が行われ、不法投棄を助長しているという事例等が見つかるに及び、規制が強化され、2000年改正では処理業者の虚偽の管理票の交付等の禁止規定が設けられ、2010年改正では管理票の交付のない受託者の引受け禁止規定が設けられています（法12条の4）。

　電子マニフェストの制度は1997年改正で設けられています。排出事業者、収集運搬業者、処分業者がそれぞれ情報センター[注34]と接続してネットワークを構築している場合に、排出事業者が委託する産業廃棄物の種類や数量等を情報センターに登録し、処理業者に運搬や処分の終了報告を求めておけば、当該報告が情報センターに行われることにより情報センターを介して実質的に管理票ループが構成されるというものです。紙の管理票の交付は必要でなく、その保存も必要ないため事務負担の軽減が図られます（法12条の5）。電子マニフェス

（注34） 電子マニフェストを扱う情報センターとして（公財）日本産業廃棄物処理振興センターが指定されています（平成10年7月27日厚生省告示第208号）。

トについては、事務の効率化・合理化のみならず、処理過程の透明性の確保や誤記載の防止など不適正処理の防止にもつながることから、その普及が進められています。その加入率の目標は2022年度70%（2016年度47%）とされています。なお、2017年改正で、50トン以上の一定の特別管理産業廃棄物を排出している事業場を有する事業者については電子マニフェストの使用が義務付けられています。また、電子マニフェストにおいても運搬処分終了の報告のない時は当初の事業者に通知することになっています。その通知を受けたとき又は報告に虚偽の内容が含まれるときには紙の管理票と同様、処理状況を把握し生活環境保全のための適切な措置を講じなければなりません（法12条の5第10項、11項）。

管理票ループ

　排出事業者である委託者が交付した管理票（マニフェスト）についてです。まず、運搬受託者において運搬が終了したとき、その写しを交付者へ送付するとともに処分受託者へ回付します。次に処分受託者において処分が終了したときは、その写しを交付者・回付者へ送付します。また、中間処理産業廃棄物（焼却残さなど）については、中間処理受託者がいわば排出事業者として管理票を交付しますので、中間処理受託者が最終処分終了の写しの送付を受けたときは当初の管理票（又は回付された管理票）に最終処分終了を記載して当初の交付者にその写しを送付します。そして、こうした一連の流れを検証することができるように管理票の保存等の規定（5年間）があります（法12条の3第1項〜6項）。

　一方、排出事業者においては、管理票の交付日から90日以内（運搬・処分の終了時のもの（特別管理産業廃棄物は60日）で、中間処理産業廃棄物の最終処分は180日以内）に管理票の写しの送付を受けないとき、記載事項に欠ける又は虚偽の記載のある管理票の写しの送付を受けたときは、処理状況を把握し生活環境保全のための適切な措置を講じなければならないとされています（法12条の3第8項）。

管理票における中間処理業者

　管理票ループに中間処理業者が入ったのは2000年改正です。それまで排出事業者が産業廃棄物の中間処理を委託した場合には管理票で中間処理の確認しかできませんでした。排出事業者の処理責任を徹底させるためにも、最終処分まで確認できるようにしたものです。中間処理業者が中間処理後の残さについて最終処分業者に最終処分を委託した場合には中間処理業者がいわば排出事業者として管理票を交付し、最終処分終了後にその写しの送付を受け、さらに当初の排出事業者から交付を受けていた管理票の写しにその旨を記載して送付するというものです。

管理票の交付

　管理票の交付について、交付を要しない場合として、①市町村や都道府県への委託、②廃油の一定の港湾管理者等への委託、③「もっぱら物」取扱業者への当該廃棄物のみの委託、④再生利用認定・広域処理認定・再生利用指定を受けた者等への委託、⑤国への委託、⑥パイプライン・輸出・廃油処理業関連等が定められています（則8条の19）。また、管理票は、廃棄物の種類・運搬先ごとに、記載事項と相違がないことを確認のうえ交付することとされています（則8条の20）。なお、管理票の記載事項としては、交付年月日・交付番号、氏名・名称・住所、排出事業者の名称・所在地、担当者氏名、受託者の住所、運搬先や積替え・保管の所在地、廃棄物の荷姿、最終処分の場所、中間処理業者の特例等が定められています（則8条の21）。

テナントの廃棄物の管理票

　ショッピングセンター等において店子が出した産業廃棄物をまとめて処理委託する場合に排出事業者は誰か、ということがよく問題とされます。これに関して「産業廃棄物管理票の運用について」（平成23年3月17日環廃産発第110317001号）という通知が発出されています。この通知ではそれぞれの店子が排出事業者になるとされていますが、管理票については、ビルの管理者等が当該ビルの賃借人の産業廃棄物の集荷場所を提供する等一定の場

合には、事業者（店子）の依頼を受けて管理者等の名義で管理票の交付を行っても差し支えない、とされています。この場合、廃棄物の処理委託はそれぞれの店子が行わなければなりませんが、便宜上、管理者等が店子の代理人として実際の契約事務に携わるという例もあると聞きます。

エ　産業廃棄物の排出事業者

　前述したように、事業者はその事業活動に伴って生じた廃棄物を自らの責任において適正に処理しなければならない、いわゆる「排出事業者責任」が定められています（法3条1項）。これは廃棄物の処理には多かれ少なかれ環境への負荷を伴うものであることから汚染者負担の原則の考え方によるものです。それは事業者が処理を委託する場合も同様です。このことから廃棄物処理法では廃棄物の保管基準、処理基準、委託基準等が定められており、その遵守を求めています。廃棄物処理を委託する排出事業者に対しては、特に処理工程の最後、最終処分まで責任を持たせるため、現地確認等による処理状況の確認を求めるとともに、産業廃棄物管理票の交付や電子マニフェストの使用によって最終処分まで確認できるような仕組みを設けています。

　排出事業者はこれら保管基準、処理基準に反した場合には改善命令（法19条の3）の対象となりますし、生活環境保全上の支障が生じ、又は生ずるおそれのある場合は措置命令の対象にもなります。また、委託で処理する場合、委託基準に反している、管理票の取扱いが規定に反しているといったときにも措置命令の対象になります。さらに、委託が適正であったとしても、適正な対価を負担していない、処理状況の確認を怠っているときなども措置命令の対象になりますので注意が必要です（法19条の5、19条の6）。

　産業廃棄物について「誰が排出事業者か」という点についてはしばしば問題となります。廃棄物を自分で処理するなら廃棄物処理業の許

可まで取得する必要はありませんが、一方で他人の廃棄物について受託して処理するなら処理業の許可を取得する必要があるからです。特に建設工事については数次に及ぶ請負関係で工事が進められることが多く、工事に伴い排出する廃棄物を誰が排出したか、など排出者を特定するのが困難なケースも多くあります。下請業者が請け負った工事に伴い排出した廃棄物を自ら運搬して処分業者に引き渡す場合、廃棄物を運搬している下請業者は廃棄物処理法の処理業の許可が必要か、ということです。もともとの国の通知では一般的には元請業者が排出事業者であるとされていましたが、これに関連して争われた裁判がありました。いわゆるフジコー事件と言われるもので、裁判では下請業者であっても一定の場合には廃棄物の排出事業者にあたる、とされました。裁判結果を踏まえた通知の改正^(注35)も発出されましたが、通知の当てはめに困難をきたすこともありました。そこで、2010年改正で法律的に解決することとし、建設工事を請け負う営業を行った元請業者を排出事業者として法律の適用を求め、結果として下請業者がその工事から生ずる廃棄物を自ら処理する場合であっても処理業の許可が必要となりました（法21条の3）。

(注35) 裁判を受けて発出された通知では「明確に区分される期間に施行される工事を下請負人に一括して請け負わせる場合において元請業者が総合的に企画・調整・指導を行っていないと認められるときは、下請業者が排出事業者になる場合もある」（平成13年6月1日環廃産第276号）とされましたが、平成22年度版建設廃棄物処理指針では法改正を受けて「このような場合であっても排出事業者は元請業者であることとされた」とされています。

誰が排出事業者か

　排出事業者については法律に定義規定がありません。そこで誰が排出事業者か迷うようなケースが出てきます。例えば、清掃業者が事業場の清掃を行った後に生ずる廃棄物については、排出者は事業場の設置者、管理者であるという疑義照会があります。これは清掃以前から発生していた廃棄物を清掃業者は一定の場所に集中させたにすぎないから、と説明されています。

　また、製品を販売した場合によく行われている下取り行為については、新しい製品を販売する際に商慣習として同種の製品で使用済みのものを無償で引き取り、収集運搬する下取り行為については、産業廃棄物収集運搬業の許可は不要である、という通知があります（いわゆる「許可事務取扱通知」(注36)）。排出者は元の所有者ではなく下取り行為を行った者と観念しているようです。

　さらに、建築物を解体した場合の残置物に関してですが、建築物の解体に伴い生じた廃棄物（解体物）とは異なり、元の所有者等が残置した廃棄物の処理責任は元の所有者等にある、という通知があります（「建築物の解体時における残置物の取扱いについて」平成26年2月3日環廃産発第1402031号、「建築物の解体時等における残置物の取扱いについて」平成30年6月22日環循適発第1806224号、環循規発第1806224号）。

下請業者が排出事業者とみなされる特例

　建設工事から生ずる廃棄物については法律で元請業者を排出事業者としましたが、建設工事の実態から廃棄物を現場で保管するような場合や少量の廃棄物を一定の方法で運搬する場合には、下請業者を排出事業者とみなす特例があります（法21条の3第2項、3項）。下請業者が自らの廃棄物とみなして運搬できる廃棄物は、請負代金が500万円以下の建設工事（解体、新築、増築を除く工事ですので、一般的には維持補修等の軽微な工事）等からの廃棄物で、一回当たりの運搬量が1㎥以下、当該又は隣接する都道府県の施設

（注36）「産業廃棄物処理業及び特別管理産業廃棄物処理業並びに産業廃棄物処理施設の許可事務等の取扱いについて（通知）」（令和2年3月30日環循規発第2003301号）

（元請業者が使用権を有するもの）に保管することなく運搬されるもの、とされています。さらに、下請業者が廃棄物処理を委託した場合には下請業者を事業者とみなして委託基準・管理票等の規定を適用するという規定があります（法21条の3第4項）。この規定は元請業者が倒産して下請業者が廃棄物処理を委託せざるを得ないような場合を想定した規定で、通知でもそうした扱いを推奨するものではない、とされていますが、法文上はそのような限定はありません。元請業者が小規模な事業者で下請業者が全国的に事業を展開している大企業である場合などこの規定が利用される例もあるようですが、もともとの排出事業者は元請業者ということには変わりはありませんので、注意が必要です。もちろん、元請業者から受託している廃棄物の処理を委託する場合は再委託になります。

Q-14 建築物を解体する場合に、元の所有者が残していった家具等の残置物は解体業者に引き取らせていいでしょうか。

A-14 解体工事から生ずる解体物は工事を請け負った者が排出事業者になりますが、いわゆる残置物は元の所有者が排出者になりますので、本来なら解体工事前に適正処分しておくべきです。諸般の事情により元の所有者がわからない場合もあると聞きますが、残置物は有料で引き取るからといって安易に解体業者に引き取らせるのではなく、一般廃棄物である場合も多く、その場合には、市町村当局に相談のうえ処理することが必要です。

Q-15 造園業者が剪定した植木の枝等を廃棄物処理業の許可なく運搬しても構いませんか。

A-15 剪定した植木の枝等は木くずになりますが、一般的には造園業者が剪定してはじめて廃棄物となります。したがって、廃棄物の排出者は庭の所有者・管理者ではなく造園業者と考えられますので、それを運搬するのに廃棄物処理業の許可は必要ありません。ただし、工作物の新築、改築、除去等に伴って生じた廃棄物ということなら、産業廃棄物になりますので、処理基準に従った運搬をしなくてはなりません。

コラム　いわゆる「フジコー裁判」

建設工事の下請業者が、自ら施工した工事から生じた廃棄物を運搬するにあたり国の通知により廃棄物処理業の許可を取得したが、本来、その許可は必要なかったのではないか、ということで国を相手に損害賠償請求をした裁判例です。裁判では、一まとまりの仕事の全部を請負い、それを自ら施工し、そこから生ずる廃棄物を自ら排出した者は、下請けの形態をとっていたとしても通常廃棄物を排出した主体に当たる（東京高裁平成5年10月28日）とし、下請工事の事業者であっても排出事業者になると判示しています。

③ 特別管理廃棄物処理のポイント

ア　特別管理一般廃棄物の処理基準・委託基準

　廃棄物の中には、爆発性、毒性、感染性など人の健康や生活環境へ被害をもたらすおそれがあり、より厳しい処理基準、委託基準等が必要な物があります。そこで1991年改正で新たに特別管理一般廃棄物、特別管理産業廃棄物という区分を設け、特別な処理基準や委託基準を求めることとしました（法2条3項、5項）。

　まず、特別管理一般廃棄物ですが、市町村が処理する場合、収集運搬については、一般廃棄物処理基準のほか、人の健康・生活環境に係る被害が生じないようにし、他の物と混合しないように区分することをはじめ特別な措置が定められています。処分再生についてもその毒性等をなくす方法での処分が求められています。埋立処分や海洋投棄は禁止されています（令4条の2）。

　また、委託基準についても、一般廃棄物処理委託基準に加え受託者の要件（当該特別管理一般廃棄物についての十分な知識など）や講ずべき措置等が定められています（法6条の2第3項）。なお、特別管理一般廃棄物については処理業の許可制度はありませんので、基本的には一般廃棄物処理業者に委託することになりますが、感染性廃棄物など特別管理産業廃棄物と同様の性状を有する場合などは一般廃棄物処理業の許可を有しなくても特別管理産業廃棄物処理業者に委託できることになっています（則1条の17、1条の18）。

より
深く…

特別管理一般廃棄物の処理基準

収集運搬基準としては、本文のほか、一般廃棄物処理基準によるとともに運搬車や運搬容器について飛散・流出や悪臭漏れのおそれのないものであること、運搬用パイプラインの使用禁止（消防法上の危険物をその移送取扱所でする場合は除く）、種類や注意事項を書いた文書の携帯か表示、PCBを使用する廃エアコン等・廃水銀・感染性廃棄物の運搬容器収納義務（密閉できる、収納しやすい、損傷しにくいこと等）が定められています（令4条の2第1号）。

また、積替えについても一般廃棄物の運搬中の積替基準によるほか、廃棄物の種類等の表示、積替え場所について仕切りを設ける等他の物と混合するおそれのないようにすることが定められているほか、PCBを使用する廃エアコン等については腐食防止措置を、廃水銀については腐食防止に加え容器密封等飛散流出揮発防止措置や高温防止措置を、ばいじんについては固化防止措置を、感染性廃棄物については冷蔵等の腐敗防止措置を求めています（則1条の14）。一般廃棄物同様、積替えの場合を除き、保管は禁止されています。積替えのための保管も一般廃棄物処理基準におおむねよっていますが、混合防止等の積替基準も適用されます。

処分再生についても、一般廃棄物処理基準によるほか、人の健康・生活環境に対する被害が生じないようにすることが求められています（令4条の2第2号）。さらに廃水銀とその処理物、ごみ処理施設で生じたばいじんとその処理物については大臣の定める一定の方法で固化等することが定められています。また感染性廃棄物についても感染性を失わせる方法として焼却・溶融・滅菌・消毒その他感染症予防法（感染症の予防及び感染症の患者に対する医療に関する法律）による消毒等が定められています（「特別管理一般廃棄物及び特別管理産業廃棄物の処分又は再生の方法として環境大臣が定める方法」平成4年7月3日厚生省告示194号）。なお、処分のための保管については積替えのための保管基準によります。

特別管理一般廃棄物の委託基準

　まず、市町村が市町村以外の者に委託する場合の基準として、一般廃棄物の委託基準によるほか、①受託業務に従事する者が廃棄物についての十分な知識を有すること、②受託者について廃棄物が飛散・流出や地下浸透した場合に被害防止のための措置が講ずることのできる者であること、③受託者がこれらの基準を満たさないときに契約を解除できる条項が委託契約に含まれていること、が定められています（令4条の3）。事業者が委託する場合の基準としては、あらかじめ委託しようする廃棄物の種類・数量・性状・荷姿・注意事項を通知することが必要です（令4条の4）。

イ　特別管理産業廃棄物の処理基準・委託基準

　特別管理産業廃棄物ですが、ここでも廃棄物の種類ごとの性状を踏まえ産業廃棄物処理基準、特別管理一般廃棄物処理基準によるほか特別な定めがあります（法12条の2）。収集運搬については、おおむね特別管理一般廃棄物処理基準によっていますが、処分再生については、廃油、廃酸、廃アルカリ、廃PCB等（汚染物、処理物を含む）、廃石綿等について特別の方法が示されています。処分再生時の保管についても特別管理一般廃棄物の例によるほか期間制限と数量制限があります。

　また、埋立処分については、特別管理一般廃棄物のように全面禁止ではなく、一定の場合は認められていますが、安定型産業廃棄物で認められている地中空間の利用は禁止されています。そのほか水銀等の有害物質を含む特別管理産業廃棄物についてはいわゆる「遮断型最終処分場」で、それ以外はいわゆる「管理型最終処分場」での処分が求められています。また、廃酸、廃アルカリ、感染性廃棄物の埋立処分は禁止されていますが、廃油、廃PCB等、PCB汚染物・処理物、廃水銀等とその処理物、廃石綿等、汚泥、有機性汚泥、一定のばいじん・燃え殻等、腐敗物等についての特別の定めがあります（令6条の5第

1項3号)。なお、特別管理産業廃棄物の海洋投入処分は特別管理一般
廃棄物同様禁止されています（令6条の5第1項4号）。

　特別管理産業廃棄物である輸入廃棄物や輸入廃棄物の焼却により生
じたばいじん、燃え殻、汚泥の処理は特別管理一般廃棄物の例により
ます（令6条の5第2項）。

　なお、特別管理産業廃棄物についても産業廃棄物同様、運搬までの
保管の基準（法12条の2第2項）や建設工事で生ずる物の事業場の外
で保管する場合の届出（法12条の2第3項）が定められています。保
管の基準としては、産業廃棄物についての保管基準に準じた保管基準
が定められています。

　委託基準についても産業廃棄物委託基準同様、収集運搬処分それぞ
れの処理業の許可を得た事業者に委託しなければなりませんが、許可
は委託しようとしている特別管理産業廃棄物についての許可が必要で
す。また、委託基準も定められていて、委託しようとする特別管理産
業廃棄物の種類、数量、性状等をあらかじめ文書で通知するほか産業
廃棄物の例によるとされています（法12条の2第5項、6項）。さらに
産業廃棄物の委託と同様、努力規定ですが、処理状況の確認、最終処
分まで適正に処理が行われるために必要な措置を講ずることとされて
います（法12条の2第7項）。

> より
> **深く…**

特別管理産業廃棄物の処理基準（収集運搬・処分再生）

　特別管理産業廃棄物の処理基準ですが、おおむね特別管理一般廃棄物処理基準による（運搬車の表示等は産業廃棄物処理基準）ほか、積替基準として廃油、PCB汚染物・処理物、廃水銀等や腐敗性の物についての定めがあり（則8条の10）、積替えのための保管基準として産業廃棄物処理基準同様に数量制限があります（1日あたり平均搬出量の7倍）（令6条の5第1項1号）。処分再生のための保管についても期間、数量の制限があり、期間は適正な処分再生のためにやむを得ないと認められる期間（則8条の12の2）、数量は1日の処理能力の14倍以下とされています（令6条の5第1項2号）。

　運搬までの保管基準については、産業廃棄物の保管基準（②ア【より深く…「運搬までの保管基準」】（80ページ）のabc）に加え、他の物が混入しないようにするとともに、廃油、PCB汚染物・処理物、廃酸、廃アルカリ、廃水銀、廃石綿等、腐敗性の物等特別管理産業廃棄物の種類に応じた基準が定められています（法12条の2第2項、則8条の13）。

　なお、処分再生の基準として、廃油、廃酸、廃アルカリ、廃石綿等については人の健康や生活環境への被害が生ずるおそれのなくなる方法として、感染性廃棄物は感染性を失わせる方法として、廃PCB等やPCB汚染物・処理物は焼却又は分解（一部除去も）の方法として大臣の定める方法により行うことが定められています（前出告示194号、【より深く…「特別管理一般廃棄物の処理基準」】（102ページ）参照）。水銀を含有する鉱さい・ばいじん・汚泥（1000mg/kg以上）や水銀を含有する廃酸・廃アルカリ（1000mg/l以上）は飛散しないようにし、あらかじめ水銀を回収する方法により行うことと定められています（「水銀使用製品産業廃棄物等から水銀を回収する方法」平成29年6月9日環境省告示57号）。

特別管理産業廃棄物の埋立処分基準

　特別管理産業廃棄物の埋立処分にあたっては、産業廃棄物の例により飛散等防止、害虫防止、終了時の表面被覆等の規定や周囲の囲いと表示が求めら

れ、特別管理一般廃棄物の例により人の健康や生活環境に支障の生じないようにすることが求められています。

　また、有害な特別管理産業廃棄物（＊）については表示とともに遮断型処分場での処分が求められています（令6条の5第1項3号イ、ロ）。

　そのほかの特別管理産業廃棄物についてはいわゆる管理型処分場で処分できますが、特別管理産業廃棄物についても産業廃棄物同様その種類によってさらに特別な規制が加えられています。廃油はあらかじめ焼却・熱分解すること、廃酸・廃アルカリ・感染性廃棄物は埋立処分禁止、廃PCB等はあらかじめ焼却しその残さが判定基準（0.003mg/l以下）に適合すること、PCB汚染物やPCB処理物はあらかじめPCB除去や焼却等をしてその残さが判定基準に適合すること、廃水銀等はあらかじめ硫化・固型化すること、その処理物は水面埋立禁止で、分散防止・混合防止・流出防止等の措置をすること、廃石綿等は飛散防止のため固型化・安定化等したうえで二重梱包し、分散しないようにし、表面被覆すること、汚泥、有機性汚泥、ばいじん・燃え殻・それらの処理物、腐敗物を含むものについては産業廃棄物の例により処分することが求められています（②ア【より深く…】「埋立処分にあたって廃棄物の種類に応じた基準」（82ページ）参照）（令6条の5第1項3号ニ〜レ）。

（＊）燃え殻・ばいじん・汚泥は一定の施設や事業場から生じた物に限られますが、①水銀とその化合物を含む燃え殻・ばいじん・汚泥を処分するために固化処理したもの、②カドミウム等の有害物質^{（注37）}を含む燃え殻・ばいじんとそれらを処分するために処理したもの、③カドミウム等有害物質^{（注38）}を含む汚泥とそれらを処分するために処理したもの、④シアン化合物を含む汚泥を処分するために処理したもの、⑤廃水銀等を処分するために処理したもの、⑥水銀等の有害物質^{（注39）}を含む鉱さいとそれらを処分するために処理したもので、それぞれ判定基準省令の基準（判定基準）に適合しないものに限るとされています。

（注37） カドミウム・鉛・砒素・セレンとその化合物、六価クロム化合物及び1・4ジオキサン

（注38） カドミウム・鉛・砒素・セレンとその化合物、有機リン化合物、六価クロム化合物、PCB

（注39） 水銀・カドミウム・鉛・ヒ素・セレンとその化合物、六価クロム化合物

　また、上記（＊）に該当しないもの、遮断型処分場で処分する必要のないもののうち、一定の施設から生じたものに限られますが、水銀とその化合物を含むばいじん・燃え殻・汚泥やそれらの処理物、シアンとその化合物を含む汚泥やその処理物は判定基準に適合するものとするか固型化することが求められています。さらにダイオキシン類を含むばいじん・燃え殻はあらかじめ判定基準に適合するものとすることが求められています。汚泥についてはトリクロロエチレン等（廃溶剤（**第4章②ア**【より深く…「特別管理産業廃棄物」】（56 〜 57ページ）の（注17））とチウラム、シマジン、チオベンカルブ、ダイオキシン類）の物質を含むものとその処理物もあらかじめ判定基準に適合した物にすることが求められています（令6条の5第1項3号ソ〜ナ）。

特別管理産業廃棄物処理業の許可なく委託できる者

　処理業の許可を有しなくても委託できる者として、産業廃棄物と同様、①市町村、都道府県、②特別に処理業の許可を要しない者、③広域処理認定、無害化処理認定を受けた者が定められています。産業廃棄物では認められていた「もっぱら物」を扱う業者や再生利用認定を受けた者は対象とされていません（則8条の14、8条の15）。

特別管理産業廃棄物管理責任者等

　特別管理産業廃棄物を生ずる事業場には、産業廃棄物と同様、特別管理産業廃棄物処理責任者を置かなければならないこと、特別管理産業廃棄物の多量排出事業者（前年度の廃棄物の発生量が50トン以上）は廃棄物の減量等の処理計画を提出しなければならないこと、帳簿を備え処理に関する事項を記載し保存しなければならないこととされています（法12条の2第8項〜 14項）。

　なお、特別管理産業廃棄物処理責任者の資格も定められています。2年以上環境衛生指導員の職にあった者のほか、感染性廃棄物については医師、歯科医師、薬剤師、獣医師や大学等で医学等の課程を修めて卒業した者等が、その他の廃棄物については大学等で理学、薬学、工学等の課程で衛生工学や化学工学の科目を修めて卒業した者で2年以上廃棄物処理の技術上の実務に従事した者等です（則8条の17）。

感染性廃棄物

感染性廃棄物とは、感染性病原体が含まれ付着している廃棄物又はこれらのおそれのある廃棄物ですが、廃棄物処理法では特別管理一般廃棄物と特別管理産業廃棄物に分けられています。いずれも、病院、診療所、衛生検査所、介護老人保健施設、介護医療院、感染性病原体を扱う助産所、動物病院、国等の試験研究機関、大学、医学等の試験研究所において生じた廃棄物とされています（令別表第1の4の項、則1条7項）。そのうえで特別管理産業廃棄物は輸入廃棄物と汚泥、廃油、廃酸、廃アルカリ、廃プラスチック類、ゴムくず、金属くず、ガラスくず・コンクリートくず・陶磁器くず、産業廃棄物を処分するために処理したもの、とされています（令2条の4第4号、令別表第2）。例えば血液は廃アルカリ又は汚泥、注射針は金属くずになります。特別管理産業廃棄物以外の感染性廃棄物は特別管理一般廃棄物と整理されます（令1条8号、令別表第1の4の項）。

これらの取扱いについては「感染性廃棄物処理マニュアル」（平成30年3月）が環境省から発出されています。マニュアルでは、感染性廃棄物に該当するかどうかの判断基準が示され、その中で三つの要素、①形状の観点から、血液、病理廃棄物、血液が付着した鋭利なもの、病原微生物に関連した試験等に用いられたものか、②排出場所の観点から、感染症病床、手術室等において治療・検査に使用されたのち排出されたものか、③感染症の種類の観点から、感染症法の1類・2類・3類、新型インフルエンザ等の治療・検査に使用されたのち排出されたものか、感染症4類・5類の治療・検査に使用されたのち排出された医療器材・ディスポーザブル製品・衛生材等か、などがあげられています。感染性廃棄物の処理は特別管理一般廃棄物又は特別管理産業廃棄物として処理する必要がありますが、その具体的な取扱いについてもこのマニュアルで示しています。なお、前述したように特別管理産業廃棄物処理業者は特別に特別管理一般廃棄物を扱うことができます（法14条の4第17項）。

これに関連して、新型コロナウイルスのパンデミックにおける取扱い等に関し、「廃棄物に関する新型コロナウイルス感染症対策ガイドライン」（令和2年9月、3年6月）が環境省から発出され、廃棄物の取扱いに関する留意

点を示しています。排出における留意点では、①家庭や事業所から排出される感染者のマスクやティッシュ等の生活系廃棄物、②医療機関等から排出される注射針等の医療機材や手袋等のディスポーザブル製品、③宿泊療養施設から排出されるマスクやティッシュ等についての取扱いの留意点が示されています。また、処理作業や処理事務作業における対策も示されています。なお、ワクチン接種に係る廃棄物についても通知が発出され（「新型コロナウイルス感染症に係るワクチンの接種に伴い排出される廃棄物の処理について」令和3年4月2日環循適発第2104021号、環循規発第2104021号）、医療機関が行うものはもとより市町村が会場を設置して行うものも感染性廃棄物として処理することとされています。

Q-16 血液の付着したガーゼの取扱いを教えてください。家庭から排出される場合と病院から排出される場合で異なりますか。

A-16 家庭から排出されるものは一般廃棄物ですが、病院から排出されるものはそれが感染性廃棄物かどうかで異なってきます。感染性廃棄物は感染性の病原体が含まれ、付着している廃棄物やそのおそれのある廃棄物ですので、まず、感染性廃棄物処理マニュアルにより、その形状、発生場所、感染症の種類から判断して感染性廃棄物かどうか判断します。そのうえで、感染性廃棄物となれば、血液は廃アルカリで特別管理産業廃棄物、ガーゼは繊維くずですので特別管理一般廃棄物となり、血液の付着したガーゼは結局これらの混合物となります。特別管理産業廃棄物処理業者は特別管理一般廃棄物を扱うことができますので、これらは特別管理産業廃棄物処理業者に処理を委託することになります。

第7章

Chapter 7

廃棄物処理業等の許可

1　廃棄物処理業の許可

ア　一般廃棄物処理業

　一般廃棄物でも産業廃棄物でも廃棄物の処理を業として行おうとする者は原則としていわゆる「処理業の許可」が必要です。法律では一般廃棄物、産業廃棄物、特別管理産業廃棄物について定めています。特別管理産業廃棄物については1991年改正にあたり特に規制強化が求められ、管理票制度の導入とあわせ「処理業の許可」制度も産業廃棄物とは別に設けられています。

　はじめに、一般廃棄物についてですが、収集・運搬・処分を業として行おうとする者はその処理業を行おうとする区域（運搬のみの場合は積卸しの区域）の市町村長の許可が必要です（法7条1項、6項）。ただし、事業者で排出した廃棄物を自ら運搬・処分する者(自ら処理)、「もっぱら物」のみを扱う者等は処理業の許可なく収集・運搬・処分をすることができます。「もっぱら物」とはもっぱら再生利用の目的となる物のことであり、古くから廃品回収の目的となっている古紙、くず鉄、あきびん類、古繊維が対象です。古物商の許可を得て行っている場合が多いと考えられています。

　「許可」行為の行政法学上の説明では、国民の活動を一般的に禁止としたうえで、申請に基づき一定の要件に合致すれば個別に禁止を解除する行為とされています。産業廃棄物処理業の許可はいわゆる「警察許可」とされ、事業者がその要件に合致すれば許可しなければならないものとされていますが、一般廃棄物処理業の許可については、その要件に、①当該市町村による一般廃棄物の収集・運搬・処分が困難であること（処分困難要件）、②許可申請の内容が一般廃棄物処理計画に適合するものであること（計画適合要件）、という内容がありますので、いわゆる「裁量許可」「計画許可」というように許可権者で

ある市町村の裁量が認められていると解されています。したがって新たに一般廃棄物処理業を行う場合にはどこの市町村なら可能か、事前に調べておくことが望まれます。

　この許可については、2年以内に更新しなければその効力を失うとされ（法7条2項〜4項、7項〜9項）、許可には収集を行う区域を定め生活環境保全上必要な条件を付すことができる、とされています（法7条11項）。そして、許可業者は帳簿を備え、収集運搬日や処分日等廃棄物の処理に関する事項を記載しなければなりません（法7条15項、16項）。

　次に許可要件です（法7条5項、10項）。前述した①処分困難要件、②計画適合要件のほか、③施設・能力基準、④欠格事由に該当しないことが規定されています。施設基準では、収集運搬業については運搬施設や積替施設の定めがあり、処分業については処理施設（浄化槽汚泥やし尿の処分にはし尿処理施設や焼却施設）や保管施設の定めが、さらに埋立処分業については最終処分場等の定めがあります。また、能力基準では知識・技能、経理的基礎が定められています（則2条の2、2条の4）。

　この処理業の許可を得た処理業者については、事業の範囲を変更するときの変更許可、事業の廃止や住所等の申請事項を変更したときの届出、欠格事由に該当することになったときの届出等が定められています（法7条の2）。また、不法投棄などの法律に違反したときや法律による処分に違反したとき、他人に違反することを求め・頼み・唆し・助けたとき（違反行為等）、施設や能力基準に適合しなくなったとき、許可条件に違反したときは事業の停止を命ずることができるとされています（法7条の3）。さらに、欠格事由に該当するに至ったとき、事業停止処分に違反したとき、違反行為等の情状が重いとき、不正手段で許可等を受けたときには許可取消事由になります（法7条の4）。

　この許可取消事由については、当初の規定では廃棄物処理法違反や処分違反のみが要件でしたが、廃棄物処理に関して悪質な不法投棄等の事例が後を絶たず、その背景には廃棄物処理に関わる黒幕的な存在があるのではないか、ということもあり、類似の改正で取消対象範囲の拡大が行われました。1991年改正では役員や政令使用人（117ページ（＊＊）参照）に欠格事由に該当するような者がいる法人なども取消対象とされ、1997年改正では許可の取消しを受けた法人の役員等がいる他の法人も取消対象とされました^(注40)。つまり、役員等が関係しているとその法人も取消対象とされ、その取り消された法人の別の役員が関係している別の法人も取消対象となるという「取消しの無限連鎖」が生じうる内容でした。ただ、その当時の規定は市町村の裁量が認められていましたので、法人の実態を考慮して判断することができました。しかし、廃棄物行政に関連して殺人事件がありました。2001年鹿沼市の最高幹部が業者と癒着していて、間に入った職員が殺害されたというものです。社会的にも行政対象暴力ということで大きな問題になりましたが、市町村に裁量のあることが行政に付け入る隙を生じさせ、こうした事件を誘発するのではないか、という議論があり、この許可取消についても裁量取消から義務取消へと改正が行われました。2003年改正です。裁量取消を前提に取消事由の拡大が行われてきましたので、義務取消となると関連会社に次から次へと連鎖して許可を取り消さざるを得なくなります。市町村の中で廃棄物を処理する事業者がいなくなってしまうのでは、という事態にもなりかねません。

（注40） 当初は事業の停止命令も許可取消も裁量的行為でしたので、それらの対象事由は同じでした。そのうえで1991年改正や1997年改正で黒幕的な存在に対処するとともに、2000年改正では違反行為等を求めたりする行為、許可の技術的・能力的要件に適合しなくなったこと、許可条件に違反する行為等も事業停止命令事由のみならず許可取消事由とされましたが、2003年改正で義務的な許可取消制度が創設されたときに事業停止命令と許可取消の対象事由を改めて整理しています。

過剰規制ではないかとの議論もありました。そこで、2010年改正では、関係条文は大変読みにくいのですが、取消事由が廃棄物処理法違反等の悪質な場合には一回だけ連鎖し、それ以外の場合、悪質でない場合にはそもそも連鎖を遮断するという改正が行われました。そうした改正により無限連鎖の心配はなくなりましたが、企業によっては関連会社への役員派遣を控えたり、場合によっては会社の事業部門を分社化する動きがあると聞きます。しかし、本来どういった部門を分社化するのか、あるいは関連会社の役員との関係をどうするのかは企業統治、ガバナンスの基本であり、廃棄物処理法違反による許可取消に関して不必要な組織の見直しはあまり建設的な対応とは言えないでしょう。

　なお、許可業者が無許可業者に許可証を貸与するなどの行為が無許可営業を助長するということから1997年改正でいわゆる名義貸しは禁止されています（法7条の5）。

収集運搬処分に処理業の許可を要しない者

　収集運搬に許可を要しないものとしては、本文のほか①市町村の委託を受けた者、②市町村長指定の再生利用業者（**第8章①**（148ページ）参照）、③大臣指定の広域廃棄物の処理業者（**第8章②**（151ページ）参照）、④国、⑤輸出に係る業者、⑥大臣指定の家電リサイクル法関連業者、⑦再生利用目的の廃タイヤの一定の処理業者、⑧特定家電・スプリングマットレス・自動車用のタイヤと鉛蓄電池の一定の販売業者、⑨一定の引越荷物運送業者、⑩廃牛脊柱の一定の処理業者、⑪東日本大震災の災害廃棄物処理特措法により委託を受けた一定の業者、⑫緊急時に必要であると認め特に大臣・市町村長から指定を受けた者、が定められています。また処分に許可を要しないものとしては、上記①、②、③、④、⑦、⑩、⑪、⑫が定められています（則2条、2条の3）。なお、⑫については、新型コロナウイルスのパンデミックや災害等により地域において処理業者が確保できず一時的に廃棄物処理能力が低下

した場合の補完措置として設けられています。

　また、「もっぱら物」については、法律が成立した当初の通知（「廃棄物処理及び清掃に関する法律の施行について」昭和46年10月16日環整第43号）に「もっぱら再生利用の目的となる産業廃棄物、すなわち、古紙、くず鉄（古銅等を含む）、あきびん類、古繊維を専門に取り扱っている既存の回収業者等は許可の対象とならないもの」とされています。なお、これに関連した裁判（最高裁昭和56年1月27日）があり、もっぱら再生利用の目的となる産業廃棄物とはその物の性質、技術水準等に照らし再生利用されるのが通常である産業廃棄物をいう、とされています。この通知には一般廃棄物については言及されていませんが、一般的には同様な取扱いがされています。

　なお、収集運搬を業とすることについて許可を要しないとしても市町村から委託を受けて処理する場合は処理基準に従う必要があります。

一般廃棄物処理業の許可が受けられない欠格事由

　ここでいう欠格事由には、①心身の故障によりその業務を適切に行うことのできないものとして、精神機能の障害により必要な認知、判断、意思疎通を適切に行うことができない者（則2条の2の2）、②破産手続開始決定を受けて復権を得ない者、③禁錮以上の刑に処せられ執行後5年を経過しない者（執行を受けることのなくなった日から5年経過しない者も含む）、④罰金の刑に処せられ執行後5年を経過しない者等が定められています。④については廃棄物処理法が生活環境の保全も目的とするものであることから廃棄物処理法等の生活環境関連法違反の場合とされていますが、さらに粗暴な行為や人を裏切る行為をするおそれのある者を排除するために刑法の傷害罪等の罪による場合も定められています（＊）。欠格事由の⑤は他の市町村などにおいて廃棄物処理業（一般・産廃）や浄化槽清掃業の許可の取消処分を受けた者で5年を経過しない者です。取消対象が法人の場合ですが、欠格事由に該当する者が実質的に会社の実権を握っている等、いわゆる「黒幕」的な存在により事業が行われている例があります。例えば一度許可が取り消された法人の実質的経営者が当該法人を解散して新たな会社を立ち上げ許可を取得するなどです。そうしたことへの対応として、許可を取り消された法人の一定

の役員（業務執行社員、取締役、執行役、これらに準ずる者）を欠格事由とするとともに、「黒幕」的に役員と同等以上の支配力を有する者についても役員と同様な取扱いとしています。また、取消対象の法人の役員については、当該法人の許可が取り消される前に役員を退任して欠格事由を免れるという例もあり、取消処分の前の聴聞の通知前60日以内に役員であった者も5年間は欠格事由に該当することにしています。さらに、個人も法人も許可が取り消される前に事業自体を廃止することで取消しの効果を免れる例もあったことから、取消処分の前の聴聞の通知後に事業廃止の届出をしても5年間は欠格事由に該当することとし、そうした法人の役員や政令使用人、個人の政令使用人も欠格事由に該当することとされています（＊＊）。欠格事由の⑥は不正・不誠実な行為をするおそれのある者、⑦は未成年者の法定代理人、法人の役員・政令使用人、個人の政令使用人がこれら①〜⑥の要件にあたる場合の当該未成年者、法人、個人です（法7条5項4号）。

（＊）生活関連法には廃棄物処理法のほか浄化槽法、大気汚染防止法、騒音規制法、海洋汚染防止法、水質汚濁防止法、悪臭防止法、振動規制法、バーゼル法（**第9章②**（159ページ）参照）、ダイオキシン類特措法とPCB特措法（**第11章①**（180ページ）参照）が定められています（令4条の6）。また、刑法の傷害罪のほか、傷害の現場助勢罪、暴行罪、凶器準備集合・結集罪、脅迫罪、背任罪や暴力行為等処罰に関する法律の罪、暴力団員による不当な行為の防止等に関する法律違反によるものが定められています。

（＊＊）聴聞の通知前60日以内に役員・政令使用人であった者が対象です。ここでいう政令使用人とは、本店や支店（主たる事務所や従たる事務所）の代表者、継続的に業務ができる施設で廃棄物関係の契約権限を有する者がいる施設の代表者です（令4条の7）。

無限連鎖の規定とその遮断

法7条の4の許可の取消規定ですが、欠格事由のいずれかに該当するに至った時には取り消さなければならないとし、改正前は、役員が欠格事由に該当すればその法人も欠格事由該当になり、逆に法人が欠格事由に該当すればその役員も欠格事由該当になることで取消しの連鎖が生じていました。例えば、

道路交通法等で禁錮以上の刑を受けた役員aのいる法人Aの許可が取り消されると、その法人Aの別の役員bが役員をしている法人Bの許可も、また、法人Bの別の役員cが役員をしている法人Cの許可も取消対象になります。そこで、そもそも欠格事由該当による取消しについては欠格事由から除外して連鎖を遮断し、ただし、悪質な場合のみ一次連鎖するような仕組みに改正しています。つまり、悪質事由で取り消された法人Aの別の役員bが関係する法人Bのみが取消対象で、その法人Bの別の役員cが関係する法人Cには及ばない、悪質事由でない場合は、法人Bにも及ばない、というものです。

　取消事由ですが、1号事由は欠格事由③の禁錮刑以上、④の罰金刑以上、⑤不正・不誠実な行為のおそれですが、③④については不法投棄や無許可営業、暴力団不当行為防止法の罪等悪質な場合に限られています。2号事由は法定代理人・法人の役員・政令使用人・個人の政令使用人が1号事由に該当するときです。3号事由は法定代理人・法人の役員・政令使用人・個人の政令使用人が取り消された個人・法人に関係するときですが、1号事由、2号事由で法人等の許可が取り消された場合はその役員も欠格事由に該当するとして一次連鎖の根拠になります。ただし、3号事由で取り消された場合にはその役員等は欠格事由から除外されていますので、それ以降は連鎖しません。4号事由はそれ以外の欠格事由ですが、4号事由で取り消された場合には欠格事由からは除外され、連鎖は遮断されています。5号事由は事業停止命令に違反したとき、法律やその処分に違反し、それを他人に求めたり手助けした場合で情状の重いときです。6号事由は不正の手段で業の許可を受けたとき等です。

Q-17 引越荷物運送業者が引越時に発生する転居廃棄物を市町村等に引き渡す間の収集運搬においては廃棄物処理業の許可が必要ないと聞きました。一般廃棄物処理基準に従う必要はありますか。

A-17 一般廃棄物を自ら運搬する場合には処理基準に従う必要はないとされていますが、引越荷物運送業者が転居廃棄物の収集運搬について処理業の許可なくできるのは、一般廃棄物処理基準に従い、業として転居廃棄物の収集運搬する場合ですので、廃棄物処理基準に従わない場合は無許可営業になります。

コラム

一般廃棄物処理業許可の法的性質を争った裁判

一般廃棄物処理業の許可制度についてその法的性質が争われた裁判があります（最高裁平成16年1月15日）。これは、一般廃棄物収集運搬業の許可申請に対し、既存許可業者で業務が円滑に遂行されていることを理由に不許可処分となったことを争った裁判です。最高裁では「既存の許可業者によって一般廃棄物の適正な収集運搬が行われ、これを踏まえて一般廃棄物処理計画が作成されているような場合には、……既存の業者等のみに引き続きこれを行わせることが相当であるとして、当該申請内容は一般廃棄物処理計画に適合するものであるとは認められないという判断をすることもできる」とし、市町村の許可にあたっての裁量を認める判断をしています。

コラム　水濁法違反事件と廃棄物処理法

　2004年に大手鉄鋼メーカーの水質汚濁防止法違反事件がありました。基準値を超える排水を垂れ流していたというものです。会社と従業員が書類送検され、従業員は略式命令での罰金刑とされましたが、会社は起訴猶予になりました。仮に会社も罰金刑となった場合には関連会社が行っている廃棄物の処理業務ができなくなることから、市当局はその対応に苦慮していたと聞きます。

コラム　e－文書法　電子文書法

　法律名は「民間事業者等が行う書面の保存等における情報通信の技術の利用に関する法律」といいますが、これは、2004年に成立した法律で、紙媒体の書面の保存等に要する国民の負担軽減のため、電磁的記録による保存等を行うことを可能にするためのものです。廃棄物処理法においても廃棄物処理業者は帳簿を作成し保存しなければならない（法7条15項、16項）とされていますが、一定の書面等については「環境省の所管する法令に係る民間事業者等が行う書面の保存等における情報通信の技術の利用に関する法律施行規則」おいて電磁的記録による保存や作成の対象となります。具体的には処理業者の帳簿や処理委託契約書や添付の書面等です。なお車両等に備え付けなければならない書面についても対象とされていますが、本社等の情報を通信手段の利用により車両で確認できる場合は必ずしも車両側にフロッピーディスク等の電磁的記録媒体を備えておく必要はないとされています（平成17年2月18日環廃対発第050218003号、環廃産発第050218001号）。

イ　産業廃棄物処理業

　産業廃棄物についても、その収集・運搬・処分を業として行おうとする者は処理業を行おうとする区域（運搬のみの場合は積卸しの区域）の都道府県知事の許可が必要です（法14条1項、6項）。一般廃棄物処理業同様、事業者でその排出した産業廃棄物を自ら処理する者やいわゆる「もっぱら物」のみを扱う者等については処理業の許可なく収集・運搬・処分をすることができます。

　なお、産業廃棄物の排出事業者が子会社にその廃棄物すべてを処理させている場合でも、子会社は産業廃棄物の処理を業として行うことになりますので、本来は「処理業の許可」が必要です。この点に関しては2017年改正で、二以上の事業者が共同でその産業廃棄物を一体として処理するという認定を受ければ、子会社は自らその産業廃棄物を処理する事業者とみなされ「処理業の許可」は必要ではない、という特例が設けられています（法12条の7）。

　この許可についても一定期間以内に更新しなければその効力を失うとされています（法14条2項、7項）が、許可の有効期間は原則5年で、さらに従前の許可期間内に「優良産業廃棄物処理業者」と認定された事業者は7年の特例が定められています（令6条の9、6条の11）。

　次に許可要件です（法14条5項、10項）。産業廃棄物においては一般廃棄物にあったような市町村の処理困難要件、計画適合要件はありません。したがって都道府県知事は国民の経済活動の自由を尊重し、許可要件に合致すれば裁量の余地なく許可しなければならないとされています（いわゆる「警察許可」）。そのほかの要件としては、一般廃棄物同様、①施設・能力基準、②欠格事由に該当しないことが規定されています。①の施設基準では、収集運搬業については運搬施設や積替施設の定めがあり、処分業については処分する産業廃棄物に応じた処理施設（汚泥なら脱水・乾燥・焼却施設、廃油なら油水分離・焼却

施設、廃酸・廃アルカリなら中和施設、廃プラスチック類なら破砕・切断・溶融・焼却施設、ゴムくずなら破砕・切断・焼却施設など）や保管施設の定めがあり、その他埋立処分業の最終処分場等の定めや海洋投入処分業の運搬船の定めがあります。また、一般廃棄物同様、能力基準では知識・技能、経理的基礎が定められています（則10条、10条の5）。

　産業廃棄物処理業者については、処理困難通知という産業廃棄物特有の規定があります（法14条13項）。これは2010年改正で設けられた規定です。廃棄物処理の委託を受けた処理業者が何らかの理由により処理が行えなくなった場合でも、そのことを委託者である排出事業者が知る仕組みがなく、廃棄物の処理委託や廃棄物の搬出が継続され、結果不法投棄が起こってしまうという状況がありました。そこで、廃棄物処理業者において、処理が困難になった場合やそのおそれのある場合には排出事業者へ通知し、知らせようとするものです。排出事業者である委託者は、通知を受け取った場合、委託契約の解除やすでに引き渡してある廃棄物の引き上げ等適切な措置を講じないときには措置命令の対象となりかねません（法12条7項、19条の6）。

　また、産業廃棄物には無許可業者の受託禁止の規定（法14条15項）もあります。これは1997年改正で設けられたものです。無許可業者が実際の処理業者との間に入って受託し、自ら処理するのではなく再委託するような場合に、排出事業者である委託者には罰則規定がありながら無許可の受託者には罰則規定がないことから設けられた規定です。

　この処理業の許可を得た産業廃棄物処理業者については、一般廃棄物処理業者と同様、事業範囲等の変更許可や届出、欠格事由等の届出についての規定がありますが、さらに事業を廃止等したときの委託者への通知の規定もあります（法14条の2）。また、不法投棄などの違反行為等を行ったとき等の事業停止命令の規定（法14条の3）や欠格

事由に該当するに至ったとき等の許可の取消しについての規定も一般廃棄物処理業と同様に定められています（法14条3の2）。この許可の取消規定についても類似の改正でその範囲が広められ、2003年改正で義務取消となり、2010年改正で無限連鎖を遮断した経緯も一般廃棄物処理業で述べたとおりです。

　名義貸しの禁止は一般廃棄物処理業と同様です（法14条の3の3）。

収集運搬処分に処理業の許可を要しない者

　収集運搬に許可を要しない者として、本文のほか①海洋汚染防止法による大臣許可を受けた廃油処理業者等、②都道府県知事指定の再生利用業者、③大臣指定の広域廃棄物の処理業者、④国、広域臨海環境整備センター、日本下水道事業団、⑤輸出入に係る運搬業者、⑥廃牛脊柱のみの収集運搬業者、⑦とさつ解体した獣畜・食鳥処理したもののみの収集運搬業者、⑧畜産牛の死体のみの収集運搬業者、⑨措置命令による受託者、⑩緊急時に必要であると認め特に大臣、知事から指定を受けた者（ア【より深く…「収集運搬処分に処理業の許可を要しない者」】（115〜116ページ）参照）が定められています（則9条）。処分に許可を要しない者としては、上記①②③④⑨⑩のほか、⑪化製場で獣畜の死体を処分することが定められています（則10条の3）。

子会社特例の要件

　子会社特例の認定を共同で受けられる事業者の要件ですが、①一方が他方の株式の総数等を保有していること、又は総数は保有していなくても3分の2以上保有し、役員等を派遣し、かつては同一事業者として一体的に廃棄物を処理していたこと、②廃棄物の処理を行う者が計画にある廃棄物を統括的体制のもとで処理する者で処理業の許可と同等の要件を備えていることが求められています（則8条の38の2、8条の38の3）。

優良産業廃棄物処理業者

優良産業廃棄物処理業者の基準には、①遵法性（事業停止命令、使用停止命令、改善命令、措置命令や施設の許可取消、再生利用認定等の認定取消等の不利益処分を受けてないこと）、②事業の透明性（法人・個人の基礎情報、処理業許可等の概要、事業用施設の情報（処分業では処理工程図も）、処理状況（処分業では工程・維持管理等も）の情報、法人の財務情報、料金提示方法、組織人員、事業場公開の有無等を継続して公表していること）、③環境配慮性（ISOの認証等）、④電子マニフェスト利用、⑤財務体質の健全性（自己資本比率、営業利益、経常利益、税などの納付、維持管理積立金）等が求められています（則9条の3、10条の4の2）。

産業廃棄物処理業の許可を受けられない欠格事由

ここでいう欠格事由には、①一般廃棄物処理業の欠格事由の①〜⑥まで（ア【より深く…】「一般廃棄物処理業の許可が受けられない欠格事由」】（116〜117ページ）参照）のほか、②暴力団員等（暴力団不当行為防止法の暴力団員とやめて5年経過しない者）、③法定代理人、法人の役員・政令使用人、個人の政令使用人（役員・政令使用人の範囲は一般廃棄物処理業に同じ）が①、②に該当する者、④暴力団員等がその事業活動を支配する者が定められています。

処理困難通知

委託を受けている廃棄物の処理が困難となるおそれのある事由としては、①処理施設の事故等で保管数量が上限に達したこと、②処理施設の廃止等で処分できなくなったこと、③最終処分場の埋立処分の終了で処分できなくなったこと、④欠格事由等に該当するに至ったこと、⑤事業停止命令を受けたこと、⑥処理施設の許可取消を受けたこと、⑦改善命令・使用停止命令・措置命令を受け処理施設が使えなくなり保管数量が上限に達したこと、が定められています（則10条の6の2）。

Q-18 廃木材を回収して木質チップの製造業者に売却しています。「もっぱら物」として廃棄物処理業の許可は必要ないと考えていいでしょうか。

A-18 「もっぱら物」については、それのみを取り扱う事業者は再生利用を目的としていることから処理業の許可なく業として廃棄物の運搬ができますが、木質チップは通知の対象（古紙、くず鉄、空き瓶、古繊維）に入っていないので、通常は処理業の許可が必要です。ただし、自治体によっては再生利用指定制度で指定を受けて処理業の許可を不要としていますので、まずは当局に相談してみることが必要です。

Q-19 産業廃棄物処分業の許可を有している処分業者に廃プラスチック類の処理を委託したいのですが、許可に係る事業の範囲が廃プラスチック類の破砕となっている場合、焼却を委託することはできますか。

A-19 産業廃棄物の処分業の許可は中間処理か最終処分か、その処理の内容、取り扱う産業廃棄物の種類により示されますので、廃棄物の処理を委託する場合には許可を得ている事業の範囲を確認し、その範囲の中で委託することが必要です（いわゆる「許可事務取扱通知」第6章（（注36）98ページ）参照）。したがって、廃プラスチック類の破砕の許可しかなければ焼却を委託することはできません。

コラム

企業の雇用関係の変化に対応した取扱いについて

　企業の業務従事者については、正規社員として直接雇用するのではなく、派遣会社の職員などその雇用形態が多様化してきています。そこで、事業者がその産業廃棄物を自ら処理する場合に、その業務従事者を直接雇用しなければならないか、という点について通知（「「規制改革・民間開放推進3か年計画」（平成16年3月19日閣議決定）において平成16年度中に講ずることとされた措置について」（平成17年3月25日環廃発第050325002号））が発出され、一定の要件のもと直接雇用関係である必要はないとされています。一定の要件とは、①当該事業者が自ら総合的に企画・調整・指導を行っている、②処理施設の使用権限、維持管理責任が当該事業者、③業務従事者に個別の指揮監督権を有し、業務従事者の雇用者との間で業務内容を明確・詳細に取り決めている、④業務従事者との間で排出事業者責任が事業者に帰することが明確にされている、⑤③と④の事項が書面による労働者派遣契約等で明確にされている、の5点です。また、「個別の指揮監督権」の例示として、当該事業者の構内や建物内で事業が行われる場合があげられています。

ウ　特別管理産業廃棄物処理業

　一般廃棄物も産業廃棄物も業としてその処理を行う場合にはそれぞれ「処理業の許可」が必要ですが、産業廃棄物のうち特別管理産業廃棄物を扱う場合には別途扱う特別管理産業廃棄物に応じた処理業の許可が必要です（法14条の4第1項、6項）。これに対し一般廃棄物については特別管理一般廃棄物であっても特別な許可制度はなく一般廃棄物の許可で扱えます。これは、特別管理一般廃棄物も含め一般廃棄物については市町村に処理責任があり、市町村が委託して処理させる場合でも市町村が受託者を選定することから、もともと受託者に処理業の許可を求めていないことがあります。また、事業者が直接処理業者

に委託する場合でも一般的には特別管理産業廃棄物と混合されて排出される場合が多いと考えられ、特別管理一般廃棄物のみを扱う処理業について許可制度は必要ないと考えられたからです。したがって特別管理産業廃棄物の許可を受けた処理業者はそれぞれに対応する特別管理一般廃棄物の処理を行えることとされています（法14条の4第17項）[注41]。

　特別管理産業廃棄物の収集・運搬・処分等の処理を業として行おうとする者は、原則として許可を受けなければなりませんが、処理業を行おうとする区域の都道府県知事の許可であることが必要です。産業廃棄物同様、自ら処理する場合には処理業の許可は必要ありませんが、「もっぱら物」についての特例はありません。また、有効期間や優良処理業者の特例等も産業廃棄物処理業と同様の規定が設けられています（法14条の4第2項～4項、7項～9項）。ただし、許可要件については特別管理産業廃棄物に応じた特別の定めがあります（法14条の4第5項、10項）。

　特別管理産業廃棄物処理業者についても産業廃棄物処理業者と同様、処理困難通知の規定、無許可業者の受託禁止の規定、再委託の禁止の規定、帳簿備付義務の規定（法14条の4第13項、15項、16項、18項）があります。

　また、事業範囲等の変更許可や届出、欠格事由等の届出、事業を廃

(注41) 特別管理一般廃棄物の処理は本文にあるように市町村が処理を委託する場合にはそうした性状の特別管理廃棄物を扱える事業者に委託することになりますが、事業者が委託する場合には原則として一般廃棄物処理業の許可を有する事業者に委託することになります。しかし、そうした廃棄物を扱える特別管理産業廃棄物処理業者が一般廃棄物処理業の許可を有しているとは限りませんので、法律により特別管理一般廃棄物を扱えるようにしています。ただし、特別管理産業廃棄物の許可は扱う廃棄物ごとになりますので、扱える特別管理一般廃棄物についても同じ種類のものとされています（則10条の20第2項）。このことから、事業者は一定の場合、特別管理一般廃棄物を一般廃棄物処理業の許可はなくても特別管理産業廃棄物処理業者に処理委託できるとされています（則1条の17、1条の18）。

止等したときの委託者への通知（法14条の5）、事業停止命令や許可取消（法14条の6）、名義貸し禁止（法14条の7）も基本的には産業廃棄物処理業と同様です。

> **より深く…**
>
> ### 特別管理産業廃棄物の収集運搬処分に処理業の許可を要しない者
>
> 処理業の許可を要しない者として、収集運搬業では①海洋汚染防止法による許可を受けた廃油処理業者等、②国、③輸出入に係る運搬業者、④措置命令による受託者、⑤緊急時に必要があると特に認め大臣・知事から指定を受けた者（ア【より深く…】「収集運搬処分に処理業の許可を要しない者」（123ページ）参照）が定められ、処分業では収集運搬業の①②④⑤が定められています（則10条の11、10条の15）。
>
> ### 特別管理産業廃棄物処理業の許可要件
>
> 特別管理産業廃棄物処理業の許可要件では、施設基準や能力基準が運搬、処分、埋立処分に分けて廃棄物の種類に応じて細かく規定されています。施設基準ですが、①廃油・廃酸・廃アルカリについては、収集運搬業には腐食防止措置等のある運搬施設を有すること、処分業には廃油は火災防止措置の講じられた焼却施設・油水分離施設等で消火設備や分析設備を備えたもの、廃酸・廃アルカリは腐食防止措置のある中和施設等（シアン化合物を含むものは分解施設等）で分析設備を有するもの、②感染性廃棄物については、収集運搬業には保冷車等、処分業には焼却施設等で衛生的に投入できる設備を備えたもの、③PCB関連の運搬施設には応急措置設備・連絡設備を備えたもの、処分業には焼却・分解・洗浄・分離施設等で分析設備を備えたもの、④廃水銀等の処分業には硫化施設等で分析設備を備えたもの、⑤廃石綿等の処分業には溶融施設等、⑥汚泥の処分業にはコンクリート固化施設、分解施設（水銀等を含むもの等は焙焼施設）等で分析設備を備えたもの、と定められています。埋立処分業の施設基準では、最終処分場に廃棄物の性状等を管理できる付帯設備を備えたものや水質検査のための採水のできる設備を備え

たものとされています。さらに、能力基準にも、PCB関連の収集運搬業について PCB関連の注意事項や性状に応じた取扱い等について十分な知識技能が、処分業や埋立処分業について廃棄物の性状の分析を行う者についての十分な知識技能が求められています（則10条の13、10条の17）。

② 廃棄物処理施設の許可

ア　一般廃棄物処理施設

　ごみ処理施設（注42）、し尿処理施設、最終処分場を設置しようとする者は、市町村が一般廃棄物の処分をするために設置するものを除き都道府県知事の許可を受けなければならないとされています（法8条1項）。当初の規定では施設の設置は届出制とされ基準に合致しない場合は改善命令という構成でしたが、産業廃棄物にあわせ1991年改正で許可制になりました。許可申請には施設の設置場所、施設の種類、処理する廃棄物の種類、処理能力（最終処分場では面積・処理容量）、位置・構造等の設置計画、維持管理計画、最終処分場にあっては災害防止計画等を記載した申請書が必要です。ただし、市町村が設置するものについては届出制とされています（法9条の3）。

　この施設の設置許可を受けるには周辺地域の環境影響についての調査結果を記載した書類の添付が求められています（法8条3項）。焼却施設と最終処分場については、都道府県知事はこの書類等を1月間公衆の縦覧に供し、生活環境保全上の市町村の意見を聴くこととされ、一方関係住民は縦覧期間の満了後2週間以内に意見書を提出することができるとされています（法8条4項〜6項）。いわゆる「ミニアセス」の手続きですが、導入経緯等は産業廃棄物の説明の項に譲ります。

（注42） 許可対象のごみ処理施設は1日の処理能力5トン以上（焼却施設では1時間の処理能力が200kg以上又は火格子面積2㎡以上）のもの（令5条）。

　許可要件としては、①技術基準、②能力基準、③欠格事由に該当しないことが定められ、さらに④周辺地域の生活環境保全や周辺施設の適正配置が求められています（法8条の2第1項）。一方、焼却施設等の過度の集中により大気におけるダイオキシン類の基準の確保が困難と認めるときには許可しないことができるとされているほか、大気質や水質等について専門的知識を有する者の意見を聴かなければならないとされています（法8条の2第2項、3項）。

　一般廃棄物処理施設の設置許可に関しては、条件を付すこと、検査前の使用制限をすることもできます（法8条の2第4項、5項）。また、許可を受けた者は定期検査を受ける必要があります（法8条の2の2）。

　許可を受けた処理施設の維持管理^{（注43）}については、その技術基準や計画に従って行い、その状況等を公表するとともに、維持管理事項を記録し、必要に応じて閲覧させなければなりません（法8条の3、8条の4）。また、最終処分場には維持管理積立金を積み立てなければなりません（法8条の5）が、この点の経緯についても産業廃棄物最終処分場の説明の項で詳述します。

　なお、一度許可を受けた施設でも施設の処理能力等に変更があるときは変更許可を受けなければなりません（法9条）。施設の軽微な変更や廃止・休止等（最終処分場の埋立終了）も届出が必要です。また、都道府県知事は施設の許可要件である技術基準や計画、能力基準に合致しない場合などには改善命令や使用停止命令を発することができます（法9条の2）。さらに、許可を受けた者が欠格事由に該当するに至ったとき、違反行為等の情状が重いとき、使用停止命令等に違反したとき、不正手段で許可等を受けたときには許可を取り消さなければなりません（法9条の2の2）。取消処分を受けた最終処分場の設置者についても

（注43）ごみ処理施設、し尿処理施設について、許可の技術基準に対応した維持管理基準が定められ（則4条の5）、最終処分場については「最終処分場技術基準省令」に定められています（138ページ参照）。

廃止までの間、一定の維持管理責任が残ります（法9条の2の3）。なお、最終処分場の廃止には都道府県知事の確認が必要です（法9条5項）。

なお、熱回収施設設置者認定制度という仕組みがあります（法9条の2の4）。これは2010年改正で導入された制度ですが、循環型社会形成推進基本法でリサイクルの最終手段として認められている焼却の際の熱回収を促進させようということで設けられた制度です。認定を受ければその施設での廃棄物処理の規制の一部が緩和されています。

そのほか、許可を受けた者の周辺地域への環境配慮の規定（法9条の4）や許可を受けた施設の譲受け等の承継の規定（法9条の5～9条の7）もあります。

> **より深く…**
>
> ### ごみ処理施設などの許可要件
>
> まず、①技術基準ですが、ごみ処理施設については、㋐構造耐力上の安全、㋑排ガス・排水等による腐食防止、㋒ごみの飛散・悪臭の発散防止、㋓騒音・振動による周辺環境の損傷防止、㋔汚水・廃液の漏洩・地下浸透防止等の基準のほか、㋕焼却施設については、燃焼室の要件や備えるべき設備、灰だし設備の要件、固形燃料関係の要件、電気炉等を用いた焼却施設の要件、高速堆肥化処理施設・破砕施設・ごみ運搬用パイプライン施設・選別施設・固形燃料化施設の要件や排水を放流する場合の要件などが定められています。し尿処理施設についてもごみ処理施設の㋐～㋔の基準のほか、受入設備・貯留設備・嫌気性消化処理設備・好気性消化処理設備・湿式酸化処理設備・活性汚泥法処理設備・生物学的脱窒素処理設備等の定めや放流水についての定め等があります（則4条）。なお、最終処分場の技術基準は最終処分場技術基準省令にあります（**ウ**【**より深く…**】「最終処分場の技術上の基準」（140～145ページ）参照）。次に②能力基準ですが、施設の設置・維持管理を的確かつ継続して行うに足りる知識・技能・経理的基礎を有することが定められています（則4条の2の2）。なお、適正配置が求められる周辺施設は病院・学校・保育所等が考えられています。

イ　産業廃棄物処理施設

　産業廃棄物処理施設を設置しようとする者は管轄の都道府県知事の許可を受けなければなりません（法15条1項）。一般廃棄物処理施設と同様、当初の規定では施設の設置は届出制とされ、基準に合致しない場合は改善命令という構成でしたが、産業廃棄物処理施設の周辺環境問題や施設設置についてより信頼性のある施設を、という意味もあり1991年改正で許可制となりました。許可申請には施設の設置場所、施設の種類、処理する廃棄物の種類、処理能力（最終処分場では面積・処理容量）、位置・構造等の設置計画、維持管理計画、最終処分場にあっては災害防止計画等を記載した申請書が必要です（法15条2項、則11条）。

　この施設の設置許可を受けるには、一般廃棄物同様、周辺地域の環境影響についての調査結果を記載した書類の添付が求められています（法15条3項）。さらに焼却施設と最終処分場等[注44]については、都道府県知事はこの書類等を1月間公衆の縦覧に供し、生活環境上の市町村長の意見を聴くこととされ、一方関係住民は縦覧期間の満了後2週間以内に意見書を提出することができるとされています（法15条3項〜6項）。いわゆる「ミニアセス」の手続きです。廃棄物の処理施設等については、焼却施設からの排気ガスや最終処分場からの汚染水が周辺環境に悪影響を及ぼすのではないか、など地域住民にとっては大変心配な面があります。施設設置を許可制にしてその信頼確保を図ろうとしましたが、その設置にあたって反対派住民との紛争がしばしば発生していました。許可権者である自治体側としては紛争を防ぐという意味もあり、行政指導により住民同意を求めるケースが多くあり

（注44） ミニアセスの対象施設ですが、産業廃棄物にあっては焼却施設と最終処分場以外に廃水銀等の硫化施設、石綿関連の溶融施設、PCB関連の分解・分離・洗浄施設も対象とされています（令7条の2）。

ました。こうした施設は「NIMBY：Not In My Back Yard（自分の裏庭にはイヤ）」といわれるようにいわゆる迷惑施設で周辺住民の理解はなかなか得られません。住民同意といっても実際は施設ができなくなり、廃棄物の適正処理に支障が生じます。そこで1997年改正で導入されたのがこの「ミニアセス」です。周辺環境への影響を事前に調査して周辺住民の理解を得ようということです。しかし、この「ミニアセス」もすでに設置が決まってからの縦覧になりますので、タイミングが遅いとか、住民と直接議論する場が設けられていない、など住民側にとって十分なものではなく、その後も住民同意を求める自治体側の対応に大きな変化はなかったと言います。

　行政指導については、行政指導をしている間、許認可等を留保できるか、ということが問題になりました。建築確認の事例ですが、行政指導に従わないことの「真摯かつ明確な意思表示」があればそれ以降、建築確認を留保することは原則として違法となる、との判例があり（最判昭和60年7月16日、品川区マンション事件）、また、1993年に制定された行政手続法においても、「行政指導に携わる者は、その相手方が行政指導に従わなかったことを理由として、不利益な取扱いをしてはならない」（行政手続法32条2項）と定められました。住民同意を求める自治体側の対応は、行政手続上もまたその内容についても財産権の制約ではないかなど課題を残しています。そうしたことを踏まえ、近年では、住民同意を求めるのではなく、条例を制定して、許可申請の前段階で住民との円滑な合意形成に資するための手続きを導入する都道府県が出てきています。

　また、周辺環境への配慮として「ミニアセス」と同時に導入されたのが、施設の維持管理関係の規定です。一般廃棄物処理施設同様、維持管理については、その技術基準や計画に従って行い、その状況等を公表するとともに、維持管理事項を記録し、必要に応じて閲覧させ、

最終処分場については維持管理積立金を積み立てなければなりません（法15条の2の3、15条の2の4）。最終処分場に関しては廃棄物が搬入されている限りは施設の設置者にも一定の収入があり維持管理費用が賄えますが、最終処分が終了した後は収入がなくなります。終了後の維持管理が往々にして疎かになり、周辺環境に悪影響を与えるということがありました。収入のある間に最終処分終了後の廃止処分までの維持管理の費用を事前に積み立てさせようとするものです。最終処分終了後も適切に維持管理されれば、周辺住民の信頼を得やすくなります。維持管理費用の積立先は独立行政法人環境再生保全機構です。この維持管理積立金を積み立てていないときは、2010年改正で許可の取消対象とされました（法15条の3第2項）。

　次は許可要件です。一般廃棄物処理施設同様、①技術基準、②能力基準、③欠格事由に該当しないこととされ、さらに④周辺地域の生活環境保全と周辺施設の適正配置が求められています（法15条の2第1項）。また、焼却施設等が過度に集中しているときの取扱い、大気質や水質等について専門的知識を有する者の意見を聴かなければならないこと、許可に条件を付すことができること、検査前の使用制限等は、一般廃棄物処理施設と同様です（法15条の2第2項～5項）。許可を受けた場合の定期検査、変更許可等、最終処分場の廃止の確認、都道府県知事の改善命令や使用停止命令、欠格事由に該当するに至ったとき等の許可取消、取消処分を受けた最終処分場の維持管理責任、周辺地域への環境配慮、譲受け等の承継の基本的な枠組みも一般廃棄物処理施設と同様です（法15条の2の2、15条の2の6、15条の2の7、15条の3、15条の3の2、15条の4）。熱回収施設設置者認定制度もあります（法15条の3の3）。

　なお、産業廃棄物処理施設設置者には、当該施設で処理する産業廃棄物と同様の性状を有する一般廃棄物について、あらかじめ届け出る

ことにより当該産業廃棄物処理施設で一般廃棄物も処理できる特例が認められています（法15条の2の5）。これは、法律上分けられている一般廃棄物と産業廃棄物が同様の性状であれば同じ基準の処理施設について別々に許可ということは煩瑣であるということから設けられた規定ですが、本特例により他人の一般廃棄物を当該施設（産業廃棄物処理施設）で処理できる場合でも一般廃棄物を処理する場合は一般廃棄物処理業の許可が必要です。

> **より 深く…**
>
> ### 許可の必要な施設
>
> 　許可の必要な施設として、汚泥の脱水施設・乾燥施設・焼却施設、廃油の油水分離施設・焼却施設、廃酸・廃アルカリの中和施設、廃プラスチック類の破砕施設・焼却施設、木くず・がれき類の破砕施設、ダイオキシン類等の有害物質を含む汚泥のコンクリート固型化施設、水銀等を含む汚泥の焙焼施設、廃水銀等の硫化施設、汚泥・廃酸・廃アルカリに含まれるシアン化合物の分解施設、廃石綿等の溶融施設、廃PCB等の焼却施設・分解施設・洗浄施設・分離施設、その他一定の焼却施設、最終処分場について定められています（令7条）。これらについては、例えば汚泥の脱水施設では1日当たりの処理能力が10㎥を超えるもの等のように対象となる基準もそれぞれ定められています。
>
> ### 産業廃棄物処理施設の許可要件
>
> 　①技術基準ですが、共通の基準として㋐構造耐力上の安全、㋑排ガス・排水・薬剤等による腐食防止、㋒廃棄物の飛散・流出・悪臭の発散防止、㋓騒音・振動による周辺環境の損傷防止、㋔排水処理施設の設置、㋕受入設備・貯留設備の容量確保等について定められています（則12条）。そのほか上記「許可の必要な施設」にある施設ごとに基準が定められており、例えば汚泥の脱水施設では床や地盤面が不透水性の材料での築造や被覆が定められ、天日乾燥を除く乾燥施設では排ガス処理設備が設けられていることなどが定められています（則12条の2）。③の能力基準としては、施設の設置・維持

管理を適切に行う知識・技能・経理的基礎を有することが定められています（則12条の2の3）。

維持管理基準

　維持管理の技術上の基準は産業廃棄物処理施設に共通するもの、例えば受け入れる産業廃棄物の種類・量が施設の処理能力に見合った適正なものとなるよう、受け入れる際に、必要な性状の分析・計量を行うこと等が定められ（則12条の6）、産業廃棄物処理施設の施設ごとの技術上の基準として、例えば汚泥の脱水施設については脱水機能の低下を防止するため定期的にろ布又は脱水機の洗浄を行うこと等が定められています（則12条の7）。

コラム　住民同意に代わる手続き

　近年、焼却施設や最終処分場などの廃棄物処理施設の設置にあたって、周辺住民の合意を求めるのではなく、許可申請の前に事前手続きを導入する自治体が出てきています。その一つである「岐阜県産業廃棄物処理施設の設置に係る手続の適正化等に関する条例」では、まず、施設設置を計画している事業者は計画書を作成し、広告・縦覧や説明会の開催により周辺住民へ周知を図らなければなりません。そして住民側の意見書とそれに対する見解のやり取りを複数回行ったうえで、行政当局に見解周知終了の報告を行います。その状況から当局側は、①合意の形成が図られている、②事業者の取組みは十分だが合意が形成されていない、③事業者の取組みが不十分、かどうかを判断し、①であれば事前手続きを終了し、③であれば事業者にやり直す手続きを指定し、②であれば住民側との調整で事業者側に合意形成の努力を求め、合意形成ができれば①の手続きになりますが、できない場合には調整を打ち切り、条例の事前手続きは終了するというものです。法律上の「ミニアセス」より丁寧かつ合意形成についての調整に当局も関与することで周辺住民との紛争を事前に防止しようとするものと言えます。

ウ　最終処分場

　最終処分場の立地にあたってはその周辺環境に問題を起こしてはなりません。埋立処分やその維持管理においても汚水の流出、地下水の汚染、廃棄物の発散や流出、ガスの発生、害虫の発生等を防止しなければなりません。処分終了後においても環境保全が確保されなければなりません。そこで設置許可をするとき、維持管理しているとき、処分が終了し廃止するときで、それぞれ技術上の基準が定められています。廃棄物によっては環境保全のために求める内容に違いがあります。特に産業廃棄物はその種類、性状は様々です。最終処分場は廃棄物の種類等により、そこで埋立処分できるもの、そこでしか埋立処分できないものなどいわゆる安定型、遮断型、管理型の三つに分けて定められています。廃棄物の処理基準でも、安定型で処分できるもの、遮断型しか処分できないものを定め、その他は管理型で処分することとされています。

　まず、安定型最終処分場で埋立処分できる産業廃棄物についてです。廃プラスチック類、ゴムくず、金属くず、ガラスくず・コンクリートくず・陶磁器くず、がれき類（令6条1項3号イ、**第6章②ア**【より深く…「安定型産業廃棄物」】(81ページ)参照）が定められています。いわゆる「安定5品目」と言われるものです。基本的には有害物質が付着しておらず、雨水にさらされても性状が変化しないようなものですので、処分場としては遮水設備がなくても環境汚染の心配はありません。最終処分場の許可基準もそれに対応した基準が定められています。廃坑の跡地のような地中空間の利用も可能となっています。一般廃棄物である生ごみ等有機物が含まれているような物は腐食しますので安定5品目からは除かれています。

　次に遮断型最終処分場で埋立処分しなければならない産業廃棄物についてです。一定の有害な産業廃棄物（令6条1項3号ハ(1)～(5)まで、

第6章②ア【より深く… 「遮断型最終処分場で処分する有害な産業廃棄物」】（81 〜 82ページ）参照）ですが、一般的には溶出試験といって水に廃棄物を入れて有害物質がどれだけ染み出てくるかを試す試験を行ってカドミウム等の有害な重金属類が基準以上含まれるものです。具体的には、一定の有害物質を含むものやその処理物が定められています。同様に一定の施設から生じたものなど特別管理産業廃棄物についての規定もあります（令6条の5第1項3号イ(1)から(7)まで、**第6章③イ【より深く… 「特別管理産業廃棄物の埋立処分基準」】**（105 〜 107ページ）参照）。遮断型最終処分場の設置の許可基準は大変厳しいものとなっています。一般的には屋根がついていて雨水が入ってこないような構造です。廃棄物を投入する施設は鉄筋コンクリートで造られ、内側は腐食防止加工の水密性コンクリートとなっています。したがって、公共水域や地下水とは完全に遮断された構造になっています。

　三つ目が管理型最終処分場ですが、安定型最終処分場、遮断型最終処分場で埋立処分する産業廃棄物以外の産業廃棄物が対象になります。

　現在ある最終処分場の数は安定型が981、遮断型が23、管理型が627となっています（産業廃棄物行政組織等調査報告書平成30年度実績）。遮断型の数は大変少なくなっています。遮断型には有害物質が埋め立てられているためその維持管理をやめるのが困難です。そこで近年では遮断型に該当するような廃棄物についても無害化や不溶化等の処理を行い管理型で処分できるようにして埋立処分をする傾向にあります。

　最終処分場に係る技術基準は最終処分場技術基準省令（一般廃棄物の最終処分場及び産業廃棄物の最終処分場に係る技術上の基準を定める省令）で定められています。一般廃棄物と産業廃棄物に分けたうえで、それぞれ許可の技術基準、維持管理の技術基準、廃止の技術基準に分けて規定されていますが、一般廃棄物から規定しているため、大変複雑な規定になっています。

　なお、最終処分場についてはその残余容量と毎年の最終処分量からその残余年数（**第3章❸イ**（注9）（28ページ）参照）が計算されます。一般廃棄物では2019年で約21.4年、産業廃棄物では2018年で17.4年となっています。産業廃棄物については、2000年ごろの残余年数が4年弱しかないと大変問題視されましたが、その後のリサイクルの推進もあり、現在の数値となっています（**図表7−1**）。

図表7−1　産業廃棄物最終処分場の残余容量等

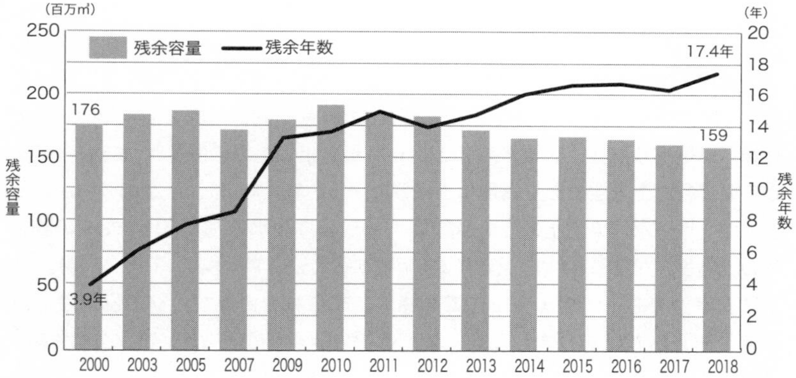

（百万㎥）　　　　　　　　　　　　　　　　　　　　　　　　（年）

残余容量　　残余年数

17.4年

176

3.9年

159

2000　2003　2005　2007　2009　2010　2011　2012　2013　2014　2015　2016　2017　2018

『令和3年版環境白書』より著者作成

　最終処分場そのものに対する規制ではありませんが、2004年改正で、廃棄物が地下にある土地についての規制が行われています。最終処分場の跡地などでは土地の掘削などにより廃棄物がかくはんされて発酵や分解が進行し、その結果発生するガスや汚水により周辺環境に影響を及ぼすおそれがあります。そこで、廃棄物が地下にある土地でその形質変更により生活環境に影響のおそれのある区域を都道府県知事が指定区域として指定し、その土地を開発しようとする者に事前届出義務を課しています。開発にともなう土地の形質変更が一定の基準に合致していないときには変更命令が出せるようにしています（法15条の17〜15条の19）。

より深く…

最終処分場の技術上の基準

　最終処分場の技術上の基準ですが、一般廃棄物最終処分場は基準不適合水銀処理物の埋立処分を除き管理型産業廃棄物最終処分場と同じですので、産業廃棄物最終処分場について説明します。説明の便宜上、産業廃棄物最終処分場の標準型といわれる管理型を中心に説明し、安定型と遮断型はその違いについて説明することとします。また、水面埋立を行う場合の例外規定もありますが、ここでは省略することにします。

（ア）許可基準

　①管理型では、ⅰ埋立地周囲の立入り防止の囲い（閉鎖埋立地を埋立処分の以外の用に供する場合、埋立地の範囲を明らかにする囲い・杭）、ⅱ表示の立札・設備、ⅲ地滑り防止工・沈下防止工、ⅳ流出防止のための擁壁等（自重等に対して構造耐力上安全であり腐食防止措置の講じられたもの）、ⅴ浸出液による公共水域・地下水汚染防止のための措置（＊）、ⅵ地表水の流入防止のための開渠等の設備等、が定められています（技術基準省令2条1項本文、1号、4号）。

　②安定型でも、①のⅰ〜ⅳまで同様に定められています。ⅴの浸出液による汚染防止措置はありませんが、擁壁等の安定保持のための内部の雨水等の排出設備についての定めがあります。また、埋立処分された廃棄物に安定型以外の物が付着・混入していないか確認するための水質検査用の浸透水の採取設備の定めもあります（技術基準省令2条1項本文、1号、3号）。

　③遮断型では、①のⅰ〜ⅲまでが定められていますが、閉鎖埋立地の規定がないほか、遮断されていることから擁壁等や浸出液の汚染防止措置、地表水の流入防止については定められていません。そのかわり外周仕切設備（＊＊）についての定めがあり、一定の埋立地では一区画の面積が50㎡以下、容積250㎡以下で区画することが定められています（技術基準省令1項本文、1号、2号）。

（＊）浸出液防止措置については廃棄物自体に防止措置が講じられている場合の例外はありますが、以下の措置を講じる必要があります。①不透水性地層のない埋立地：保有水等の浸出を防止するため遮水工の設置（ⅰ遮水層を有すること（一定の粘土層や一定のアスファルトコンクリート層の表面に遮水シートの敷設、不織布等の表面に二重の遮水シートの敷設。ただし勾配が50%以上の基礎地盤で保有水がとどかないところは吹き付けモ

ルタルの表面に遮水シートやゴムアスファルト）、ⅱ基礎地盤は遮水層の損傷防止のため強度と平らかさのあること、ⅲ日光による劣化防止のために遮水層表面を遮光効力・耐久力のあるもので覆うこと）、②不透水性地層のある埋立地：保有水等の浸出を防止するため遮水工の設置（不透水層までの周囲の地盤の固化又は一定の壁又は鋼矢板の設置あるいは上記の遮水層の設置）、③地下水により遮水工が損傷するおそれのある場合には、地下水集排水設備の設置、④保有水等集排水設備の設置（雨水が入らない埋立地であって腐敗等しない廃棄物のみの場合は除く）、⑤保有水等の水量・水質を調整するための調整池の設置、⑥保有水等集排水設備により集められた保有水等を基準^(注45)に適合できる浸出液処理設備の設置、⑦導水管や配管等の防凍措置

（＊＊）外周仕切設備の要件ですが、①一定の圧縮強度を有し、水密性を有する鉄筋コンクリートで厚さ35cm以上、②自重、土圧、水圧、波力、地震力等に対して構造耐力上安全、③廃棄物と接する面が遮水効力・腐食防止効力を有する材料で覆われていること、④地表水等の性状に応じた有効な腐食防止措置、⑤目視点検が可能である構造、などが定められています。

（イ）　維持管理基準

①管理型では、ⅰ廃棄物の飛散流出防止措置、ⅱ悪臭発散防止措置、ⅲ火災防止措置と消火設備等の設置、ⅳ害虫発生防止措置、ⅴ立入防止の囲いの維持（閉鎖埋立地を埋立処分の以外の用に供する場合、埋立地の範囲を明らかにする囲い・杭）、ⅵ表示の立札・設備を見やすい状態に維持等、ⅶ流出防止のための擁壁等の定期点検と損傷防止措置、ⅷ遮水工の損傷防止のための被覆、ⅸ遮水工の定期点検と遮水効果の維持、ⅹ浸出液の影響をみるための地下水の水質検査^(注46)（二以上の地点からの地下水又は地下水集排水設備の地下水）、ⅺ水質悪化の場合の原因調査と生活環境保全措置、ⅻ保有

（注45） 水質汚濁防止法上の排水基準値や施設の維持管理計画の計画値（排水基準等）、ダイオキシン類対策特措法上の排水基準（計画値を含む）

（注46） ①カドミウム等の地下水等検査項目（地下水の環境基準の健康項目のうち硝酸性窒素・ほう素・フッ素以外のもの）、電気伝導率、塩化物イオンについて測定・記録すること（電気伝導率・塩化物イオンについての例外はあります）、②地下水等検査項目について処分開始後1年に1回（場合によって6月に1回）以上測定・記録すること（廃棄物の種類等から地下水汚染の生ずるおそれのない項目は除く）、③電気伝導率・塩化物イオンは処分開始後1月に1回以上測定・記録すること、④電気伝導率・塩化イオン濃度に異状のある時は速やかに地下水等検査項目について測定・記録すること

水等集排水設備を有しない埋立地についての雨水防止措置、ⅹⅲ調整池の定期点検と損傷防止、ⅹⅳ浸出液処理設備の維持管理（放流水の排水基準適合、定期点検・異状防止措置、水質検査^(注47)）、ⅹⅳのⅱ防凍措置の定期点検・異状防止措置、ⅹⅴ地表水流入防止の開渠等の維持管理、ⅹⅵ通気装置によるガス排除、ⅹⅶ処分終了埋立地は50cm以上の土砂等による覆いによる開口部閉鎖（雨水防止措置があり廃棄物が腐敗・保有水が生じないものである場合には一定の遮水層に不織布を敷設した表面を土砂で覆ったものでも可能）、ⅹⅷ閉鎖埋立地の覆いの損傷防止措置、ⅹⅸ残余埋立容量の測定（年1回以上）、ⅹⅹ廃棄物の種類・数量・点検・検査等の記録・保存、について定められています（技術基準省令2条2項本文、3号）。

　②安定型でも、①のⅰ～ⅶまでの一般的な維持管理や表示について、①のⅹⅸ、ⅹⅹの埋立容量の測定や記録と保存について同様に定められています。埋立処分される廃棄物が腐敗性のない安定5品目に限られていますので、管理型よりは規制が緩和されています。ただし、埋め立てる前に廃棄物を展開して安定5品目以外の廃棄物が付着・混入しないよう目視点検を行うことが定められています。また、処分終了埋立地の利用については、50cm以上の土砂等の覆いで開口部を閉鎖しその損壊防止措置を講じることが定められています。管理型のように浸出液防止に係る措置の維持管理については定められていませんが、雨水等が浸透して周辺地下水への汚染の心配がありますので、二以上の場所から採取された地下水の水質検査^(注48)、その結果、水質の悪化が認められる場合には原因究明・生活環境保全措置をとることが求められています。また、採取設備からの浸透水についても水質検査^(注49)、その結果一定の場合^(注50)には廃棄物の搬入や埋立処分の停止等の措置をとらなければなりません（技術基準省令2条2項本文、2号）。

（注47） ①（注45）の排出基準等の検査項目で②以外については1年に1回以上測定・記録すること、②水素イオン濃度・BOD・COD・SS・窒素含有量は1月に1回以上測定・記録すること（廃棄物の種類等から汚染の生ずるおそれのない項目は1年に1回）

（注48） 地下水等検査項目について処分開始前の測定・記録と処分開始後の1年に1回以上（汚染のおそれのない項目は除く）の測定・記録

（注49） 地下水等検査項目は1年に1回以上、BOD・CODは1月に1回（処分終了したところは3月に1回）以上

（注50） 一定の場合は、採取設備からの水質検査結果で、地下水等検査項目の基準不適合の場合、BODが20mg/l超、CODが40mg/l超

③遮断型でも、①の i 〜 vi までの一般的な維持管理や表示について定められていますが、囲いについての閉鎖埋立地の明示の規定はありません。また、①の x 、xi、xii の地下水の水質検査とその結果による措置、保有水等集排水設備を有しない埋立地の雨水防止措置、①の xv 地表水流入防止の開渠等の維持、①の xiv 埋立容量についての測定、①の xx 記録・保存については同様に定められています。遮断型は公共水域や地下水から完全に遮断された状況ですので、管理型のように浸出液防止に係る措置は定められていませんが、埋立開始前にたまっている水を排除することが求められています。また、遮断型に必要な構造基準で求められた外周仕切設備や内部区画の仕切設備について定期点検し、設備損壊や廃棄物の保有水の浸出のおそれのある場合には廃棄物の搬入・埋立の中止、損壊・浸出防止措置をとらなければなりません。さらに処分終了埋立地についても「（ア）（＊＊）」 にある外周仕切設備の要件を備えた覆いにより閉鎖し、それらの覆いを定期点検し、覆いの損壊や保有水の浸出のおそれのある場合にはその防止措置をとらなければなりません（技術基準省令2条2項本文、1号）。

（ウ）　廃止基準

廃棄物の最終処分場を廃止する場合について、埋立処分を終了した処分場がその安全性が確認されることなく維持管理が打ち切られ、周辺環境に影響を及ぼすということがありました。このことは最終処分場に対する国民の信頼を損なうものであることから、1997年改正で最終処分場を廃止する場合には都道府県知事の確認が必要であるとされました。その法改正を受けて定められたのがこの廃止基準です。これまでの基準の強化、明確化が図られています。廃棄物が埋立てられている処分場の基準です。

①管理型では、i 最終処分場が一定の技術上の基準（＊）に適合していること、ii 悪臭発散防止措置、iii 火災防止措置、iv 害虫発生防止措置、v 地下水等の水質[注51]、vi 保有水等集排水設備で集められた保有水等の水質[注52]、vii 埋立地からガスの発生がほとんどない、その増加が2年以上認められない

（注51） 地下水の水質検査（処分開始前・開始後等）で地下水等検査項目のいずれも基準に適合していること、検査結果の数値の変動状況からいずれも基準に適合しなくなるおそれのないこと
（注52） 水素イオン濃度・BOD・COD・SS・窒素含有量は3月に1回以上、その他の排水基準等は6月に1回以上の頻度で2年以上検査し、すべて排水基準に適合していること

こと、viii埋立地の内部が異常な高温になっていないこと、ix（イ）①のxvii
の覆いで開口部が閉鎖されていること、x雨水防止措置のある埋立地等で使
用可能な覆いに沈下・亀裂等の変形が認められないこと、xi浸出液・ガス等
による周辺環境への影響が現に認められないこと、xii基準適合水銀処理物が
埋立てられている場合は雨水防止措置等が講じられていること、とされてい
ます。（技術基準省令2条3項本文、3号）

　②安定型でも、i一定の技術上の基準（＊＊）に適合していること、①の
ii悪臭発散防止措置、iii火災防止措置、iv害虫発生防止措置、vii埋立地から
ガスの発生がほとんどない、その増加が2年以上認められないこと、viii埋立
地の内部が異常な高温になっていないこと、xi浸出液・ガス等による周辺環
境への影響が現に認められないことに加え、水質検査としては、地下水の
水質（注53）、採取設備より採取された浸透水の水質（注54）、があり、さらに、
50cm以上の土砂等で開口部が閉鎖されていること、とされています。（技
術基準省令2条3項本文、2号）

　③遮断型でも、i一定の技術上の基準（＊＊＊）に適合していること、①
のii悪臭発散防止措置、iii火災防止措置、iv害虫発生防止措置、v地下水等
の水質、xi浸出液・ガス等による周辺環境への影響が現に認められないこと
に加え、外周仕切設備の要件を備えた覆いにより埋立地が閉鎖されているこ
と等とされています（技術基準省令2条3項本文、1号）。

（＊）ここで引用されている技術上の基準は（ア）①のiii地滑り防止工・沈
　　下防止工、iv流出防止のための擁壁等、v浸出液による公共水域・地下水
　　汚染防止のための措置（「（ア）（＊）」の⑤調整池・⑥浸出液処理設備を除
　　く）、vi地表水の流入防止のための開渠等の設備等、です。

（＊＊）ここで引用されている技術上の基準は、（ア）①のiii地滑り防止工・
　　沈下防止工、iv流出防止のための擁壁等（擁壁等の安定を保持するため必
　　要と認められる場合は内部の雨水の排出設備が設けられていること）です。

（＊＊＊）ここで引用されている技術上の基準は（ア）①のiii地滑り防止工・

（注53） 地下水の水質検査で地下水等検査項目のいずれも基準に適合していること、検
　　査結果の数値の変動状況からいずれも基準に適合しなくなるおそれのないこと
（注54） 採取設備により採取された浸透水の水質について地下水等検査項目の基準、
　　BOD20mg/l以下という基準に適合していること

沈下防止工に加え③の外周仕切設備についてです。

最終処分場廃止の規制と指定区域

　廃棄物の最終処分について、当初の廃棄物処理法から処分方法についての一定の基準はありましたが、埋立地については施設の届出制の対象外とされていました。しかし、最終処分場の跡地で土壌汚染の対象となっている事案等もあり、その規制の強化が望まれ、1976年改正で廃棄物処理施設と位置づけ、届出対象とし、1977年には最終処分場の構造、維持管理とともに廃止に関する基準が定められました。しかしながら、廃止に関して行政当局が十分に把握できないということもあり、1991年改正で廃止の届出が制度化され、さらに、1997年改正で最終処分場を廃止する場合は行政による確認が必要とされました。

　こうした改正を踏まえ、廃棄物が地下にある土地の範囲としては、廃止された最終処分場の埋立地で、現行法の廃止の確認を受けたもののみならず、現行法施行前の廃止の届出のされたもの、それ以前でも反復継続的に埋立処分の行われた最終処分場でその届出後に廃止されたものや処理業者により供された場所で廃止されたもの、さらにそれら以外でも措置命令等の原位置封じ込め措置等の講じられた埋立地で廃止されたもの、が定められています（令13条の2、則12条の31、12条の32）。なお、形質変更の施行方法に関する基準としては、廃棄物を飛散・流出させない、ガス（可燃性、悪臭）が発生する場合に換気・脱臭等の措置、汚水の発生・流出のおそれのある場合に水処理の実施等、土砂の覆いの機能を損ねる場合にその代替措置、設備の機能を損ねる場合にその代替措置、工事完了までの必要な範囲での放流水の水質検査、水質検査結果による原因調査等、石綿含有廃棄物や水銀処理物の場合の必要な措置が定められています（則12条の40）。

Q-20 余剰の農産物を畑にすき込んでいます。最終処分場の施設としての許可が必要ですか。

A-20 最終処分場とは社会通念上廃棄物の埋立処分を行う場所をいい、典型的には反復継続して廃棄物の埋立処分に供される場所のことをいうとされています^(注55)。したがって、少量の家庭ごみを庭先に埋めることや余剰の農産物を畑にすき込むことについては許可の必要はないと考えられます。

(注55) これは、「廃棄物の処理及び清掃に関する法律施行令の一部改正等について」（平成9年9月30日衛環第251号）にあります。

第8章

Chapter 8

許可等が不要な大臣認定制度

① 再生利用認定制度

　廃棄物処理法では廃棄物処理業を行おうとする場合や廃棄物処理施設を設けようとする場合にはそれぞれ各市町村や各都道府県の許可が必要になりますが、環境大臣の認定を受けることで、一定の許可なく処理できるという仕組みがあります。再生利用認定、広域処理認定、無害化処理認定です。

　はじめに再生利用認定制度についてです。処理施設の設置が進まず逼迫する中で、廃棄物の減量化を図り再生利用を進めるために設けられた制度ですが、大規模かつ安定的に再生処理できる施設を有効活用する趣旨もあります。1997年改正で導入されました。

　廃棄物処理業の許可制度については廃棄物処理法制定当時から「もっぱら物」については処理業の許可なく業として行うことができましたが、「もっぱら物」以外でも排出者から無償で引き取り、再生利用のみを行っている者については再生利用が確実に行われると市町村長や都道府県知事から認められた場合には許可を要しないとされていました。この点については、1991年改正で廃棄物処理法の目的に「再生」が加えられたことを契機に規定を整理し、再生利用指定制度が設けられました。そして、再生利用を全国的に推進するため、自治体による指定制度に加え新たに大臣認定の制度が1997年に創設されました。

　認定の対象は、再生品に係る標準的な規格があるなど再生品の利用が見込まれる再生利用とされています。認定対象者は安定的な生産設備を用いて再生利用を自ら行う者等で、認定品目としては簡単に腐敗・揮発しない廃棄物で廃ゴム製品、廃プラスチック類、廃肉骨粉、金属を含む廃棄物、建設汚泥等です。具体的には、廃ゴムタイヤや廃肉骨粉をセメントの原料として再生利用する、廃プラスチック類から

コークスを製造するなどです。この認定により処理業や処理施設の許可は不要になります（法9条の8、15条の4の2）。

再生利用指定制度

　一般廃棄物処理業でも産業廃棄物処理業でも、再生利用されることが確実であると市町村長又は都道府県知事が認めた廃棄物のみの処理を業として行う者で指定を受けた者については、処理業の許可を要しないとされています。具体的な運用としては、個別に指定を受けようとする者の申請により指定するものと同一形態の取引が多量にある場合において、廃棄物を特定したうえで一般的に指定するものがあります（廃棄物の処理及び清掃に関する法律施行規則第9条第2号及び第10条の3第2号に基づく再生利用業者の指定制度について」（平成6年4月1日衛産第42号）。自治体ごとの運用で統一的な資料は限られていますが、一般廃棄物については2006年調査でこの制度を採用している市町村は約11%、廃棄物としては厨芥類、木くず、草木類が多く、近年では小型電気機器等も指定されています。産業廃棄物についても資料は限られますが、2010年調査では、7割程度の自治体で制度の運用が行われており、個別指定では汚泥が多く、木くず、がれき類も指定されています。また、一般指定も個別指定の3分の1程度の自治体で制度運用されていますが、具体的な指定件数は全体で7.6%と非常に少ない状況となっています（則2条2号、2条の3第2号、9条2号、10条の3第2号）。

認定対象品目

　特例の対象となる廃棄物は、一定のばいじん・燃え殻、バーゼル法の一定の有害廃棄物、容易に腐敗・揮発する等の生活環境保全上支障の生ずるおそれのあるもの以外で定められ（則6条の2、12条の12の2）、一般廃棄物では、廃ゴム製品（ゴムタイヤ等で鉄を含むもの）、廃プラスチック類、廃肉骨粉（化製場から排出されるもの）、金属を含む廃棄物（「環境大臣が定める

一般廃棄物」平成9年12月26日厚生省告示258号）が、産業廃棄物では、廃ゴム製品（ゴムタイヤ等で鉄を含むもの）、汚泥（掘削工事や地盤改良工事に伴う無機性のものや半導体製造等に伴うシリコンを含む排水の処理したもの）、廃プラスチック類、廃肉骨粉（化製場から排出されるもの）、金属を含む廃棄物（「再生利用に係る特例の対象となる産業廃棄物」平成9年12月26日厚生省告示259号）が対象とされています。なお、構造改革特別区域制度により一定地域の廃木材も対象とされています。

認定対象の再生利用の基準

　再生利用の基準は、認定を受けようとする再生利用が再生利用の促進に資すること、再生品の標準的な規格があるなど利用者の需要に適合し再生品の利用が見込まれること、受け入れる廃棄物を原材料として使用し燃料として使用する目的でないこと、燃料として使用される再生品を得るためのものでないこと、再生品は通常の使用で環境汚染のおそれのないこと、受け入れる廃棄物の全部又は大部分を使うこと、再生に伴う廃棄物がほとんど生じないこと、排ガスを生ずる場合にはダイオキシン類の濃度が0.1ng/㎥以下であること、その他廃棄物ごとに定める基準に適合していることです（則6条の3、12条の12の4、汚泥：平成9年12月26日厚生省告示261号、廃肉骨粉：平成13年10月15日環境省告示56号、廃プラスチック類：平成15年3月17日環境省告示25号、シリコン含有汚泥：平成15年8月11日環境省告示75号、廃ゴム製品：平成18年3月28日環境省告示77号、金属を含む廃棄物：平成19年10月26日環境省告示89号）。

認定対象者の基準

　認定対象者の基準は、5年以上再生利用を業として行っている者（経理的・技術的にこれと同等以上の能力を有する者）で周辺環境保全等に配慮した事業計画を有すること、得られる再生品の品質管理ができること、再生利用施設の維持管理について基準に従いできること、再生利用等を的確に行う知識・技能、経理的基礎を有すること、廃棄物処理業の許可の欠格事由に該当しないこと、再生利用を自ら行うこと、法令違反していないことのほか廃棄

物ごとに定める基準に適合していることです（則6条の4、12条の12の5）。

　なお、認定対象者が設置する再生利用に供する施設の基準も定められています。再生利用に係る廃棄物処理施設の基準に適合していることや事業計画の処理能力を有することなどです（則6条の5、12条の12の6）。

2　広域処理認定制度

　製品が廃棄物になったときに製造事業者がその処理を担うことは、高度で効率的な再生処理が可能となり、廃棄物の減量化の推進が期待されます。そこで製造事業者が廃棄物となったその製品を全国から集めて広域的に処理することができるような仕組みが2003年改正で導入されました。この制度以前においても、広域的に処理することが適当であるものとして国が指定した廃棄物については、それのみの処理を営利目的ではなく行う場合には廃棄物処理業の許可が不要とされ、製造事業者等による自主回収や再生利用を推進していましたが、これをさらに進めようとするものです。ただし、あくまでもその製品の製造、加工、販売等の事業者が対象ですので、単に廃棄物を広域的に収集しようとする事業者は対象外となります。

　認定対象の広域的な処理とは、製造事業者等でその製品が廃棄物になったときに広域的に処理を行うことで廃棄物の減量等に資すること等としています。認定対象者は処理を的確に行いうる者で、認定品目としては簡単に腐敗・揮発しない廃棄物です。一般廃棄物については品目が限定され廃パソコン、廃二輪自動車等14品目が定められています。産業廃棄物では品目限定はありませんが、情報処理機器、自動二輪車、建築用複合部材等が認定されています。この認定により処理業の許可は不要になりますが、再生利用認定とは異なり施設の許可は必要とされています（法9条の9、15条の4の3）。

より 深く…

広域処理指定制度

　廃棄物処理業の許可なく廃棄物を処理できる広域処理指定制度については、現在、廃自動車や廃原付自転車について（社）日本自動車販売協会連合会、（社）全国軽自動車協会連合会、日本自動車輸入組合、（社）日本中古自動車販売協会連合会が指定されています（則2条4号、9条4号、「廃棄物の処理及び清掃に関する法律施行規則2条4号及び9条4号の指定」平成3年7月1日厚生省告示150号）。

認定対象品目

　特例の対象となる廃棄物は、容易に腐敗・揮発する等の生活環境保全上支障の生ずるおそれのないもの、当該廃棄物の処理を製造事業者等が行うことで廃棄物の減量、適正処理が確保されるもの（則6条の13、12条の12の8）で、一般廃棄物では、廃スプリングマットレス、廃パーソナルコンピューター、廃密閉形蓄電池、廃開放形鉛蓄電池、廃二輪自動車、廃FRP船、廃消火器、廃火薬類、廃印刷機、廃携帯電話用装置、廃乳母車、廃乳幼児用ベッド、廃幼児用補助装置、加熱式たばこの廃喫煙用具が定められています（「広域的処理に係る特例の対象となる一般廃棄物」平成15年11月28日環境省告示131号）。

認定対象の広域的処理の基準

　広域的処理の基準は、その処理を製造事業者等が行うことにより廃棄物の減量等適正処理が確保されること、事業内容や責任の範囲が明らかであること、処理行程の管理体制が整備されていること、処理委託の場合に必要な措置を講ずること、廃棄物処理基準に適合しない場合には被害防止の必要な措置を講ずること、委託の場合は経理的・技術的能力を有する者にすること、二以上の都道府県において広域的に収集することで廃棄物の減量等適正処理が確保されること、再生又は熱回収後埋立処分をすること、その他の基準に適合していることです（則6条の15、12条の12の10）。

認定対象者の基準

認定対象者の基準は、処理を的確に行う知識・技能、経理的基礎を有すること、廃棄物処理業の許可の欠格事由に該当しないこと、不利益処分等を受けていないこと、その他の基準に適合していることです（則6条の16、12条の12の11）。また、認定対象者が有する施設の基準も定められています（則6条の17、12条の12の12）。

③ 無害化処理認定制度

　これはアスベスト対策の一環として2006年改正で設けられた制度です。人の健康や生活環境に被害を生ずるおそれのある廃棄物について溶融などの高度な技術を用いて無害化処理を行う者を個々に環境大臣が認定することで新たな処理ルートを設けようとするものです。認定対象である無害化処理とはその内容が迅速かつ安全な処理の確保に資するもので、対象となる廃棄物は石綿含有廃棄物、廃石綿等、廃PCB等（汚染物・処理物を含む）と定められています。認定を受ければ処理業や施設の許可は不要になります（法9条の10、15条の4の4）。

より深く…

認定対象廃棄物

特例の対象となる廃棄物は、一般廃棄物では石綿含有一般廃棄物とし、産業廃棄物では低濃度の廃PCB等・PCB汚染物・PCB処理物等、廃石綿等、石綿含有産業廃棄物とされています（則6条の24の2、12条の12の14、「無害化処理に係る特例の対象となる一般廃棄物及び産業廃棄物」平成18年7月26日環境省告示98号）。

認定対象の無害化処理の基準

無害化処理の内容の基準は、その処理により人の健康等の被害が生ずるおそれのない性状にすることが確実であること、迅速な無害化処理が確保されること、受け入れる廃棄物全部を無害化処理施設に投入すること、施設の設置・維持管理計画が周辺環境の保全等に配慮されたものであること、さらに廃棄物ごとに定める基準に適合するものであることとされています（則6条の24の4、12条の12の16、「石綿含有一般廃棄物等に係る無害化処理の内容等の基準等」平成18年7月26日環境省告示99号、「低濃度ポリ塩化ビフェニル廃棄物に係る無害化処理の内容等の基準等」平成21年11月10日環境省告示69号）。

認定対象者の基準

無害化処理の認定対象者は、周辺環境保全の事業計画を有すること、廃棄物の性状の確認・管理・処理施設の運転管理が適切に行うことのできること、処理施設の維持管理について基準・計画に従いできること、無害化処理を的確に行う知識・技能、経理的基盤を有すること、廃棄物処理業の許可の欠格事由に該当しないこと、無害化処理を自ら行うこと、不利益処分等を受けていないことのほか廃棄物ごとに定める基準に適合していることです（則6条の24の5、12条の12の17、前記平成18年7月26日環境省告示99号、前記平成21年11月10日環境省告示69号）。

なお、認定対象者が設置する無害化処理の用に供する施設の基準も定められています（則6条の24の6、12条の12の18）。

第 **9** 章

Chapter 9

輸出入とバーゼル法

① バーゼル条約

　廃棄物の量が増大し国境を越えて移動するようになったのは1970年代のヨーロッパからと言われています。1980年代に入り、ヨーロッパからの廃棄物、特に有害な廃棄物がアフリカの開発途上国に入って放置され、環境汚染を起こしていることが顕在化してきました。環境汚染の原因にもなる廃棄物の輸出入について、当該国間でなんらの協議もなく、責任の所在もわからない、ということが国際社会でも問題視されました。そこで国連環境計画（UNEP：United Nation Environment Programme）等が中心になって検討が行われ、1989年3月、スイスのバーゼルで「有害廃棄物の国境を越える移動及びその処分の規制に関するバーゼル条約（Basel Convention on the Control of Transboundary Movement of Hazardous Wastes and their Disposal)」が採択されました。1992年に発効しています。主な内容として、①廃棄物の輸出国への事前通知と輸入国の同意、②国境を越える廃棄物には移動書類の添付、③不適正処理における輸出国の責任（引取りを含む）、④途上国への技術支援、⑤締約国は非締約国との廃棄物の輸出入を禁止、などが定められています。条約上の規制対象は「有害な特性を有する廃棄物」とされていますが、ここでの「廃棄物」とは最終処分やリサイクル等の一定の処分作業（附属書Ⅳ）がされるものと、また「有害な特性」とは一定の排出経路（附属書Ⅰ）で有害特性（附属書Ⅲ）のあるものとされています。条約では規制対象かどうかのリスト化を図っており、原則規制である鉛蓄電池、廃駆除剤、めっき汚泥、廃石綿等が附属書Ⅷに、原則規制対象外である鉄くず、固形プラスチックくず、紙くず、繊維くず、ゴムくず等が附属書Ⅸに記載されています。

　この条約については日本でも1993年9月に加入書を寄託し、12月

から国内効力が生じています。バーゼル条約対応として、1992年に
いわゆる「バーゼル法」（特定有害廃棄物等の輸出入等の規制に関す
る法律）が制定されたのに続き廃棄物処理法の改正が行われています。
バーゼル法の規制対象となる特定有害廃棄物等とは条約の附属書に掲
げる有害特性のある廃棄物、家庭系等の特別な廃棄物やこれらに類す
るものですが、再生資源として利用される金属スクラップのような有
価物も含まれます。したがって廃棄物処理法の規制対象となる廃棄物
とその範囲が異なることになります（**図表9－1**）。

図表9－1　バーゼル法と廃棄物処理法

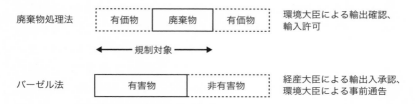

経済産業省HPより著者作成

附属書Ⅳの処分作業

　附属書Ⅳでは処分作業がＡ資源回収や再生利用等に結びつかないもの、とＢ結びつくもの、に分けて列記されています。例えば、Ａでは地中・地上への投棄（埋立て）、地中深部への注入、処分場への埋立て、海洋への放出、焼却、永久保管、Ｂでは燃料利用、溶剤の回収利用、金属等の再生利用などです。

附属書Ⅰの排出経路と附属書Ⅲの有害特性

　附属書Ⅰでは、廃棄経路として、病院等における医療行為から生ずる医療廃棄物、医薬品の製造・調剤から生ずる廃棄物、廃医薬品、植物用薬剤等や有機溶剤の製造・調合・使用から生ずる廃棄物、熱処理等から生ずるシアン化合物を含む廃棄物、意図した使用に適さない廃鉱油、油と水又は水と炭化水素の混合物等、PCB等を含み又はこれらに汚染された廃棄物、熱分解処理から生ずるタール状残滓、インキ等や樹脂等の製造・調合・使用から生ずる廃棄物、研究開発等から生ずる新規の化学物質等で影響が未知のもの、爆発性の廃棄物、写真用化学薬品等の製造・調合・使用から生ずる廃棄物、金属等の表面処理から生ずる廃棄物、産業廃棄物の処分残滓、六価クロム等の成分を含有する廃棄物が定められ、また、附属書Ⅲでは、有害な特性として、爆発性、引火性の液体、可燃性の個体、自然発火しやすい物質・廃棄物、水と作用して引火性のガスを発生する物質・廃棄物、酸化剤、有機過酸化物、急性毒性、病毒をうつしやすい物質、腐食性、空気・水と作用して毒性ガスを発生、遅発性・慢性毒性、生態毒性、処分後もこれらの特性を有する他の物質を生成できる物質が定められています。

② バーゼル法

バーゼル法にある特定有害廃棄物等を輸出しようとする場合は、あらかじめ、輸出相手国の書面による同意、バーゼル法による環境大臣の確認（環境保全上の支障のない旨）、外為法（外国為替及び外国貿易法）による経済産業大臣の承認が必要となります。また、貨物を運搬する場合には輸出移動書類を携行し、処分にあたってはその内容に従った適正な処分が必要になります。

一方、輸入しようとする場合には、あらかじめ、輸入相手国からの書面による通告、外為法による経済産業大臣の承認が必要となります。また、輸入移動書類を携行し、処分にあたってはその内容に従って適正に処分することが必要となります。処分したときは経済産業大臣、環境大臣、輸入の相手方である輸出国に報告する必要があります。

③ 廃棄物処理法

廃棄物処理法では1992年改正で廃棄物の輸出入の規定が創設されています。基本として廃棄物の国内処理の原則を掲げ、国内で生じた廃棄物はなるべく国内において適正に処理されなければならないとし、国外で生じた廃棄物は国内廃棄物の適正処理に支障が生じないよう、その輸入は抑制されなければならないとされました（法2条の2）。そのうえで輸入廃棄物は産業廃棄物としての位置付けをし（法2条4項2号）、輸入者をいわゆる排出事業者とみなすと定められています（法15条の4の6）。

廃棄物の輸出には環境大臣の確認が必要とされ、また、その輸入には環境大臣の許可が必要とされました（法10条、15条の4の5、15条の4の7）。輸出基準としては、①国内での適正処理が困難であること、

②輸出の相手国で再生利用が確実であること、③分析試験用、④国内基準を下回らない処理が確実であることなどが定められています。輸入基準としては、①国内で適正処理できること、②申請者が自ら又は委託して適正処理できること、③委託する場合は国内処理する相当の理由のあることなどが定められています。

　具体的に廃棄物を輸出する場合の流れは以下のようになります（**図表9-2**）。

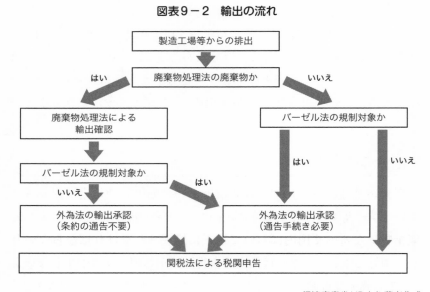

図表9-2　輸出の流れ

経済産業省HPより著者作成

　なお、近年、有害物質を含む使用済電気電子機器が金属スクラップと混合された、いわゆる「雑品スクラップ」について、スクラップヤードでの火災や環境汚染、不適正輸出による相手国での環境汚染等の事案が発生していました。2017年にバーゼル法と廃棄物処理法の改正が行われています。輸出入に係るバーゼル法と廃棄物処理法の改正内

容ですが、①雑品スクラップ等の懸念に対応するため特定有害廃棄物の範囲を法律上明確にする、②輸出先での環境汚染防止措置についての環境大臣確認事項を明確にする等の規制の強化が図られています。一方、世界的な資源獲得競争という観点や再生利用の推進が環境負荷低減にも資するという観点を踏まえ、③資源となるような有害性の低い廃電子基板等の輸入に係る規制を緩和する、④再生利用事業者認定制度を創設し、有害性が高くとも再生利用目的での輸入について優良な認定事業者について輸入承認を不要とするなどの規制を緩和する、⑤分析目的の輸出入の手続きを簡素化する等の規制の緩和措置も図られています。また、雑品スクラップについては廃棄物処理法の改正で新たに「有害使用済機器」という概念を設け、その保管・処分を業として行おうとする者の届出制が設けられ、保管・処分基準の遵守が義務付けられています（法17条の2）。これは、これまで廃棄物処理法の射程範囲があくまでも「廃棄物」であったことに対し、有価で廃棄物ではないものも環境保全の観点から廃棄物処理法の中で対応したという意味で画期的な法改正と言えます。

有害使用済機器

　有害使用済機器とは、一般の消費者が通常の生活の用に供する機器で有害
な特性を有する使用済みのもので、廃棄物でないものとされています。具体
的には、エアコン、電気冷蔵庫等、電気洗濯機等、一定のTV受信機、電動
ミシン、電気グラインダー等、電子式卓上計算機、ヘルスメーター等、医療
用電気機械器具、フィルムカメラ、磁気ディスク装置等、電子レンジ等、扇
風機等、電気アイロン等、電気ストーブ等、ヘアドライヤー等、電気マッサー
ジ機等、ランニングマシン等、電気芝刈り機等、蛍光灯器具等、電話機等、
携帯電話端末等、ラジオ受信機等、デジタルカメラ等、デジタルオーディオ
プレーヤー等、パーソナルコンピューター、プリンター等、ディスプレイ等、
電子書籍端末、電気時計等、電気楽器等、ゲーム機等が定められています（令
16条の2）。

第**10**章

Chapter 10

不法投棄への対応

1 不法投棄の禁止

　廃棄物処理法では、何人もみだりに廃棄物を捨ててはならない、と不法投棄を禁止しています（法16条）。当初は一定の区域についての禁止規定でしたが、1991年改正によりあらゆる場所での不法投棄が禁止されることになりました。違反行為には5年以下の懲役又は1,000万円以下の罰金（併科も）が課されます。法人の業務に関するときは両罰規定があり、法人に対して3億円以下の罰金とされています。不法投棄に対する罰則は、当初は5万円以下の罰金のみという規定でしたが、累次の改正で強化されてきています。現在では未遂や不法投棄目的での収集・運搬も処罰の対象とされていて大変厳しいものになっています。

　ここでいう「みだりに」とは、生活環境の保全と公衆衛生の向上を図るという法の趣旨に照らし社会的に許容されないこととされ、「捨てる」とは一般的に占有者が管理を放棄することと解されています。

　現在ある不法投棄事案の処理については、1998年6月16日以前のものと17日以後のものに分けられて制度が構築されています。1998年6月16日以前のものは産廃特措法（特定産業廃棄物に起因する支障の除去等に関する特別措置法）により都道府県等の行う支障除去事業に対して地方債の特例等で支援することとし、その費用の90%を地方債で充当しその償還費用の50%が地方交付税で措置されます。一方、1998年6月17日以後のものは廃棄物処理法による産業廃棄物適正処理推進基金（法13条の12）により都道府県の代執行費用を支援することとし、費用の70%が基金から支援されます。

　1990年代、日本経済がいわゆるバブルの崩壊になったころですが、全国各地で不法投棄が目立つようになり、各地で環境汚染の問題が生じていました。そこで不法投棄や不適正処理の撲滅をめざすとともに、すでに不法投棄されてしまった廃棄物については環境汚染防止のため

に処理することが課題とされました。本来なら不法投棄の行為者や排出事業者にすべての責任を負わせるのが原則ですが、行為者や排出事業者がわからなかったり、資力がなかったりしたときには市町村や都道府県による代執行での処理が必要です。そこで、1997年改正で代執行の規定を設けるとともに都道府県等については産業廃棄物適正処理基金を創設してその支援をすることとされました。その施行の日が1998年6月17日で、施行日以後に不法投棄されたものについてのスキームとして構築されました。この規定については、2000年改正で市町村長の代執行と都道府県知事の代執行に分けられています（法19条の7、19条の8）が、措置命令の規定が一般廃棄物（法19条の4）と産業廃棄物（法19条の5）に分けられたことに伴い整理したものです。

　次に、1998年6月16日以前の不法投棄による支障の除去についてです。当初は、一般的な補助金で対応していましたが、1999年に青森県・岩手県県境の巨大不法投棄事案が発覚しました。一般的な補助金ではとても対応できません。そこで法律で対応することになり、2003年にいわゆる産廃特措法が制定されます。ここで特定産業廃棄物というのは1998年6月16日以前に不法投棄又は不適正に処分された産業廃棄物のことです。特定産業廃棄物に起因して環境汚染が生じるなど生活環境に支障が生じている場合には、本来は措置命令によってその行為者や廃棄物の排出事業者に対応させる必要があります。しかし、そうした手続きによってもなお支障の除去等が進まないときには計画を定め、支障の除去事業、いわゆる代執行（法19条の8）をすることになります。代執行費用については2005年度までは有害物質関係は国から2分の1の補助で、その他の廃棄物は3分の1の補助で支援されることになっていましたが、2006年度以降に認定された事業については補助金改革もあり、前述したとおり地方債とその償還費の交付税措置で支援されることとなっています。

> より
> **深く…**

不法投棄と罰則

　不法投棄と罰則についてです。当初は5万円以下の罰金（両罰規定は本則の罰金）のみでしたが、1976年改正で廃油やカドミウム等の有害な廃棄物については6月以下の懲役又は30万円以下の罰金、そのほかの廃棄物は3月以下の懲役又は20万円以下の罰金とされました。特別管理廃棄物制度ができた1991年改正では、特別管理廃棄物と一定の産業廃棄物については1年以下の懲役又は100万円以下の罰金、その他の廃棄物は6月以下の懲役又は50万円以下の罰金とされました。1997年改正では特別管理かどうかではなく産業廃棄物は3年以下の懲役又は1000万円以下の罰金（両罰規定は1億円以下）、一般廃棄物は1年以下の懲役又は300万円以下の罰金とされました。そして2000年改正では、すべての廃棄物について5年以下の懲役又は1000万円以下の罰金とされました。2003年改正では不法投棄の未遂罪が創設され、罰則は本罪と同様とされました。この時の改正で産業廃棄物、一般廃棄物を問わず両罰規定は1億円以下の罰金とされました。2004年改正では不法投棄目的の収集・運搬も処罰の対象とされ、3年以下の懲役又は300万円以下の罰金とされました。そして2010年改正で両罰規定の罰金が3億円以下に引き上げられています。

産業廃棄物適正処理推進基金

　当初、この基金は産業界と行政の負担割合を1：1とし、行政分を国と都道府県で1：1としていましたので、都道府県で代執行する場合にはその費用の4分の3を支援することにしていましたが、排出事業者等による自主撤去等が行われるケースもあり、2013年度以降は産業界と行政の割合を4：6とし、都道府県に対する支援割合は10分の7とされています。産業界の基金への支援が一部の業界団体に依存する傾向もあったことから、見直しの議論が行われました。産業界の負担の性質については、不法投棄による環境汚染が産業廃棄物に起因するものであることから広い意味での原因者負担ではないか、廃棄物処理は事業活動の一環ということで受益者負担ではないか、という意見もあり

ましたが、とりあえずは事業者の社会貢献という整理がされました。そのうえで2016年度以降の産業界からの負担方法については、産業廃棄物処理にマニフェストが幅広く利用されているということもあり、マニフェストを扱う団体への協力依頼という方式で行うこととされています。

なお、事業者による産業廃棄物の適正処理の確保を目的として、産業廃棄物適正処理推進センターとして産業廃棄物処理事業振興財団が指定されています（平成10年7月27日環境省告示207号）。産業廃棄物適正処理推進基金の運営はこの財団で行われています。

Q-21 水質汚濁防止法の特定事業場から排水基準に適合しない排水が公共河川に垂れ流されています。水質汚濁防止法違反のみならず、排水の廃棄を不法投棄ととらえて廃棄物処理法違反で摘発できますか。

A-21 水質汚濁防止法は廃棄物処理法の特別法と考えられていますので、一般的には廃棄物処理法ではなく、排水基準違反で水質汚濁防止法違反が問われることになります。一方、水質汚濁防止法の対象外である汚水を不法投棄すれば廃棄物処理法違反となります。例えば、特定事業場からの排水は水質汚濁防止法で対応しますが、汚水を空き地に撒くような行為は廃棄物処理法での対応となります。しかしながら、水質汚濁防止法の排水基準違反の罰則が6月以下の懲役又は50万円以下の罰金であるのに対し、廃棄物処理法の不法投棄の罰則は5年以下の懲役又は1000万円以下の罰金となっています。そこで、特定事業場から有害物質を含んだ汚水を垂れ流した者と単なる汚水の不法投棄との間で罰則が不釣り合いではないかということから、観念的競合として両方の法律の罪になるという考えも出されています（城祐一郎『特別刑事法犯の理論と捜査(2)』立花書房）。

Q-22 廃屋となって数十年経過し、住居として全く機能しない建築物が放置されています。廃棄物の不法投棄になりますか。

A-22 廃屋を解体業者が解体したときに生じる廃棄物は当然廃棄物になりますので、それを放置した場合には不法投棄になりえます。しかし、解体前の廃屋が廃棄物かどうかは議論のあるところです。解体業者が工作物を除去した場合に生ずる廃棄物は解体業者の産業廃棄物とされていますので、解体されるまで、建っている段階ではいまだ廃棄物ではない、という取扱いが一般的のようです。したがって、そうした取扱いであれば一般的には廃屋の放置は不法投棄にはなりませんが、もはや建築物としての形状すら維持されてないような物であれば議論のあるところです。なお、地震等の災害で使い物にならなくなった廃屋の解体について阪神淡路大震災以前は災害廃棄物処理費用の対象外でしたが、阪神淡路大震災以来、解体費用自体を災害廃棄物処理費用の中で対応する場合がでてきています。

Q-23 建物を取り壊し撤去した後に地下部分に杭等の基礎工作物が残置されている例があります。放置した場合、廃棄物の不法投棄になりますか。

A-23 建物を撤去後杭等の地下工作物の取扱いについては、一般社団法人日本建設業連合会からガイドライン「既存地下工作物の取り扱いに関するガイドライン（2020年2月）」が発出されています。ガイドラインでは、地盤の健全性等に有用なものは有用物として管理するが、生活環境に支障が生ずるような場合等には不要物として撤去するとしています。

コラム

青森県・岩手県の県境にまたがる不法投棄事案

　この事案は、青森県と岩手県の県境27haの原野に廃棄物約188万㎥が不法投棄され、原状回復費用約730億円という途方もない不法投棄事案です。青森県から中間処理業の許可を受けていたＳ社が長期にわたり、廃食品、廃プラスチック類、廃油、医療系廃棄物、廃有機溶剤の混合物などを投棄していたもので当初は堆肥原料として販売しているという説明でした。この中には埼玉県の中間処理業者Ｋ社の燃料用廃棄物もあり、排出事業者は12,000社にもおよび、その90％近くが首都圏からのものでした。1999年ごろに不法投棄が確認され、青森・岩手の県警合同捜査本部が強制捜査し、2000年5月に両社とその代表者が不法投棄で起訴され、処罰されています。県当局は不法行為者に対して措置命令を発していますが、命令履行の姿勢がないことから代執行することとし、排出事業者に対しても措置命令等で責任を追及しました。青森側24社、岩手側18社が自主撤去等の措置をとりましたが、総事業費の2％弱という状況でした。

コラム

漂流漂着ごみ対策

　不法投棄に起因すると思われますが、近年、海洋にある大量の漂流物が海岸に漂着する現象が各地で報告されるようになってきました。こうした漂着物は美しい浜辺の喪失等、生態系を含む海岸環境の悪化を引き起こすのみならず、漁業や交通、レクリエーションの場としての海岸機能を著しく低下させることから、大きな社会問題になっていました。海岸漂着物について誰が処理責任を負うかが不明であるという点などです。そこで議員立法で2009年に海岸漂着物処理推進法が制定されます。法律では、①漂着物の処理責任の所在を海岸管理者とし、②漂着物の発生抑制のために、国内由来の漂着物については不法投棄の防止、周辺国に由来する漂着物に

ついては周辺国への要請などの対策を講ずることとしています。2018年に改正されていますが、マイクロプラスチックを含む漂流物ごみ、海底ごみも法律の対象とし、法律の名称に「海洋環境の保全」が加えられています。法律の名称も「美しく豊かな自然を保護するための海岸における良好な景観及び環境並びに海洋環境の保全に係る海岸漂着物等の処理等の推進に関する法律」となっています。

廃棄物処理法との関係では、基本的に民間団体等が海岸漂着物を回収する際に発生した廃棄物は一般廃棄物として市町村責任のもとで処理されますが、民間団体等が事業委託により漂着物を事業として回収するような場合には事業系廃棄物としての一般廃棄物又は産業廃棄物になる、という通知が発せられています（「海岸漂着物等の総合的かつ効果的な処理の推進について」平成22年3月30日環廃対発第100330002号）。

② 焼却の禁止

　不法投棄とならび廃棄物処理法では、法令等によるもの以外の廃棄物の焼却を禁止しています（法16条の2）。これは2000年改正で追加された規定ですが、法令により除かれるものとしては、①廃棄物処理基準による焼却、②森林病害虫等防除法による害虫の付着した木の焼却、家畜伝染病予防法による伝染病にり患した家畜の死体の焼却等があります。その他③公益上・社会慣習上やむを得ない焼却や影響が軽微である焼却として、国や地方公共団体の施設管理として行う焼却、震災・風水害・火災等の災害の予防対策・応急対策・復旧対策としての焼却、風俗習慣上又は宗教上の行為としての焼却、農・林・漁業を営むためにやむを得ない焼却、たき火等日常生活を営む上で通常行われている焼却についても除かれています。この規定については、不法投棄と同じ罰則対象ですが、これまで問題なく行われてきたごみの焼却のどの範囲までを取締りの対象とするか、という点もあり、法改正

時の通知には「これまで行政処分では適切な取締りが困難であった悪質な廃棄物処理業者や無許可業者による廃棄物の焼却に対して、これらを罰則の対象とすることにより取締りの実効を上げるためのものであることから、罰則の対象とすることに馴染まないものについて、例外を設けていること」とされています。

焼却の禁止について

　法改正時の施行通知 ^(注56) では、③の焼却禁止から除かれている焼却の具体的な例として、海岸管理者の行う漂着物等の焼却、災害時の木くず等の焼却、どんと焼き等の門松やしめ縄等の焼却、農業者の稲わら・林業者の枝条・漁業者の漁網付着海産物等の焼却、たき火やキャンプファイヤーの木くず等の焼却などが示されています。

Q-24 　木くず等の事業系一般廃棄物を排出事業者が自ら処理する場合は処理基準に従う必要はないと聞きます。自社で焼却してよいものでしょうか。

A-24 　廃棄物の焼却については、法16条の2で処理基準に従って行うものを除き禁止とされていますので、自社で焼却する場合にも処理基準に従って焼却する必要があります。

(注56) この通知は、「廃棄物の処理及び清掃に関する法律及び産業廃棄物の処理に係る特定施設の整備の促進に関する法律の一部を改正する法律の施行について」（平成12年9月28日衛環第78号）です。

3 硫酸ピッチ

　不法投棄という点で特殊な事案が硫酸ピッチ問題です。硫酸ピッチとは石油精製の硫酸洗浄工程で派生する副産物で、著しい腐食性を示し、有毒ガスが発生するなど健康や生活環境への重大な問題を引き起こすものです。主に不正軽油の密造過程から生じるため、適正に処分されません。ドラム缶で保管されたうえ山間等に不法投棄され、ドラム缶が腐食し、そこから環境汚染が生じて大問題となります。不正軽油の密造は軽油引取税の脱税行為です。2004年に課税側の罰則強化と硫酸ピッチに関する規制が行われました（法16条の3）。硫酸ピッチを指定有害廃棄物とし、特別の基準で行う場合以外の保管・収集・運搬・処分は禁止されました。廃棄物処理法の規制と課税当局の摘発強化もあり、近年の不法投棄は少なくなってきているということです。

コラム
不正軽油の密造と課税当局の摘発強化

　大型トラック等のディーゼル自動車は軽油を燃料としていますが、軽油には道路整備等にその財源を使用する目的税として軽油引取税が課税されています。しかし、ディーゼル機関は精製度の低い燃料でも十分走行可能で、軽油引取税のかからないＡ重油と灯油等を混和させて密造した不正軽油でも運行できます。脱税行為です。そこで、路上でも容易に不正軽油かどうか検査できるようにクマリンという識別剤を灯油やＡ重油にいれていました。検査逃れのため不正軽油密造の際にクマリンが濃硫酸で除去され、その時に生ずる廃棄物が硫酸ピッチです。もともと正常な経済活動からのものではなく、不適正処理、不法投棄になりやすいと言えます。

　軽油引取税は都道府県税です。しかし、不正軽油は密造場から全国に販売され、そして副産物の不法投棄も全国でみられました。都道府県税という制約もあり不正軽油の使用を摘発しても他の都道府県にあるその販売元や不法投棄現場にまで課税当局が赴いて摘発するということは困難でした。1993年都道府県の課税当局が連携を図れるようにということで、全国地方税務協議会が発足します。当初はバブル期の土地取引等による県外納税者に対する不動産取得税の徴収に重点がおかれていましたが、軽油引取税問題も重点課題となり、2003年には軽油引取税全国協議会が設置されます。密造の場所や使用の場所にかかわらず全国の税務当局が協力・連携して不正軽油撲滅に尽力しました。この協議会は2019年に発足した地方税法に基づく地方共同法人、地方税共同機構に発展的に解消しています。

　なお、近年では識別剤クマリンに頼らない検査もでてきています。自動車用軽油に含まれる硫黄分は排ガス規制により規制が強化されました（2005年以降の規制基準は10ppm）。硫黄分の検出でも不正軽油かどうか検査できるようになったということです。

④ 改善命令、措置命令

　廃棄物処理法では、処理基準に適合しない方法で処理が行われた場合に、期限を定めて、適正処理のための処理方法の変更など必要な措置を命ずることができるとされています（法19条の3）。いわゆる改善命令で、1991年改正で設けられたものです。

　また、処理基準に適合しない処理が行われた場合で、生活環境保全上支障が生じ、又は生ずるおそれがあるときには、必要な限度において、処理を行った者に対して、期限を定めて、支障の除去等の措置を講ずることを命ずることができるとされています（法19条の4、19条の4の2、19条の5）。いわゆる措置命令で、不法投棄のような場合には原状回復命令の根拠となります。この規定は1976年改正で設けられました。当初は「生活環境に重大な支障」が生ずる場合でしたが、1991年改正でその要件は「重大な支障」から「支障」ということで緩和され、命令を発しやすくされています。

　命令の対象者は、当初①実際に処理を行った者と②不適法な委託によって委託されたときにはその委託者、とされていましたが、不適法な処理の行為者が無資力であることなど、この規定によって命令しても、地域の環境保全にはあまり役に立たないのではないか、また、委託者についても、どんなに料金を低く抑えようと適法委託していれば後は受託者側の責任であるということで委託者に責任追及できないのではないか、など批判がありました。

　そこで、累次の改正で、産業廃棄物について命令の対象者の範囲を拡大し、③マニフェストについて不適法な取扱いをした者、④建設業の下請けが前記①〜③の者である元請業者、⑤これらの者の行為について要求・依頼・教唆・ほう助した者が追加されました（法19条の5）。いわゆる不法投棄の斡旋や仲介を行うブローカーなども含まれます。

　さらに、2000年改正では、産業廃棄物の排出事業者についても適法に委託すればその後の責任はないかのような制度を改めることとし、排出事業者はその廃棄物の処理を委託する場合には最終処分が終了するまでの一連の処理行程が適正に行われるように努めることとし（法12条7項）、それに合わせて、排出事業者へも措置命令を発することができる制度が設けられました。具体的には、①処分者等の資力等からみて支障の除去等の措置を講ずることが困難又は不十分であるときで、②排出事業者が処理に関し適正対価を負担してないとき、基準不適合の処理が行われることを知り又は知ることができたとき、その他法の趣旨に照らし排出事業者に支障の除去の措置をとらせることが適当であるときです（法19条の6）。ただし、この場合の命令は廃棄物の性状・数量・処理方法等から相当の範囲内のものということとされています。2010年改正で排出事業者は「処理状況の確認」をすることが必要になりました（**第6章②イ**【 より深く… 「処理状況の確認」】（89ページ）参照）。排出事業者側としては、十分な注意を怠れば、いつでも措置命令の対象となりうることになり、注意が必要です。

⑤ 代執行

　廃棄物が不適正に処理されたことにより生活環境保全上の支障が生じ、又は生ずるおそれがある場合で、一定の事由に該当する場合には、一般廃棄物では市町村長が、産業廃棄物では都道府県知事等が自ら支障除去等の措置を講ずることができるとされています（法19条の7、19条の8）。いわゆる代執行です。一定の事由とは、①措置命令に係る措置がされない、不十分である、される見込みがないとき、②措置命令の相手方を過失なく確知できないとき、③緊急時に措置命令をするいとまがないとき等が定められています。そして、これらの費用に

ついてはもともとの処分者等（産業廃棄物では排出事業者も含む）に
負担させることができ、その徴収については行政代執行法の規定が準
用されています。

6 産業廃棄物処理の構造改革

　産業廃棄物については、「いらないもの」ということで処理コスト
負担のインセンティブが働きません。いわゆる「安かろう、悪かろう」
という状況となりやすく、無責任状態の下で優良事業者が市場の中で
優位に立てず、むしろ良心的でない事業者が跋扈している状況でした。
不法投棄等の不適正処理が横行し、産業廃棄物の処理に対する国民の
不信感が増大すれば、処分場の設立反対にもつながります。処理シス
テムの破綻とまで言われていました。こうした構造的な問題を解決す
べく、累次の廃棄物処理法の改正が行われています。構造改革を推進
している途上が現状といえるでしょう。

　まず①排出事業者責任の強化です。マニフェスト制度の強化と措置
命令の拡充があげられます。排出事業者は自らの排出した廃棄物が最
終的に適正処分されるまで責任をもって確認しなければなりません。
そうでないと措置命令の対象とされ、社会的にも大きな痛手となりま
す。次に②不適正処理対策です。処理業や施設の許可制度の強化、不
法投棄等の罰則の強化、処理業者の優良化等です。廃棄物処理の委託
を受けた者への対策強化によって、廃棄物処理を専門に扱う業界全体
への国民の信頼を得ていこうというものです。最後に③適正な処理施
設の確保策です。施設設置手続きの透明化、優良施設の支援、公共関
与による整備等です。処理施設の設置困難性を解消し、廃棄物全体の
処理システムの円滑化につなげていこうとするものです。こうした改
革により、汚染者負担原則に基づくあるべき姿への転換が求められて

います。排出事業者が最後まで責任を持って適正に処理をすることになります。そうであれば当然優良事業者が選ばれることになります。安全で安心できる適正処理が実現できれば、産業廃棄物の処理に対する国民の信頼も回復し、リサイクルの推進、循環型社会の構築へと向かうことになります（**図表10－1**）。

図表10－1　産業廃棄物処理の構造改革

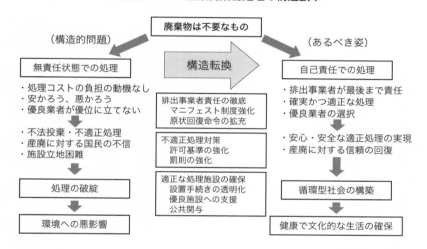

環境省資料より著者作成

第11章

Chapter 11

有害な廃棄物

① PCB

　廃棄物の中で有害なものは特別管理一般廃棄物、特別管理産業廃棄物として処理基準などより厳格な規制の下で処理することになっていますが、ここではその毒性が強くさらに特別な規制のあるものを取り上げることにします。

　はじめにPCBです。これはポリ塩化ビフェニル（Poly Chlorinated Biphenyl）の略称で人工的に製造された油状の化学物質です。水に溶けにくい、沸点が高い、熱で分解しにくい、燃えない、電気の絶縁性が高い、化学的に安定している、などの特徴を持っていることから、用途としては、絶縁油として高低圧トランス・コンデンサーや蛍光灯・水銀灯の安定器等に使用されるほか熱媒体として各種化学工業の加熱用や冷却用にも使われ、さらに潤滑油、絶縁用や難燃用の可塑剤、感圧複写紙、耐蝕性・耐薬品性塗料、印刷インキ等にも使われていました。米国では1929年から工業生産が始まりましたが、日本では1954年から国内生産が始まっています。

　1968年にカネミ油症事件が発生します。これはカネミ倉庫が製造した食用油（カネミライスオイル）を摂取した人に中毒症状がでたものです。主な症状としては眼のマイボーム腺の分泌過剰、まぶたの膨張、爪・歯肉等の色素沈着、それに関連した疲労・悪心・嘔吐、皮膚の過角化症と黒化等です。被害届を出した人は福岡県・長崎県を中心に15府県で14,000人を超え、認定患者数は約1,900人です。米ぬかから抽出するライスオイルの脱臭工程で使われたPCBなどが製品中に混入したことで発症した食品公害事件です[注57]。

(注57) 近年の研究では、PCBが加熱酸化されるなどして異性体となったダイオキシン類との複合汚染と判明しています。そこで油症の診断基準にはダイオキシン類の一つであるPCDF（ポリ塩化ジベンゾフラン）の血中濃度も2004年に加えられています。

PCBは、1972年には行政指導により製造が中止され回収等が行われ、1973年に制定された化審法（化学物質の審査及び製造等の規制に関する法律）により製造・輸入・使用が原則として禁止されました。そのため保管しているPCBの処理を図るため、処理基準が作られ、廃棄物になったものは特別管理廃棄物としてより厳しい処理基準が定められました。しかし、いざ処理施設を設置しようとしてもなかなか周辺住民の理解は得られず、その処理が困難を極めていました。トランス等にあるPCB絶縁油等、当面関係する事業者に保管を求めていましたが、1998年の保管状況調査で11,000台の紛失が判明するなど逸失による環境汚染の懸念が増していました。また、業務用施設用PCB使用蛍光灯安定器からPCBが漏出する事例もありました。2000年10月には八王子市の小学校で安定器が破裂してPCBが飛散するという事故も起こっています。

一方、国際的な取組みにおいては、PCBやDDT、ダイオキシン類等のように難分解（残留性）、高蓄積性、長距離移動、有害性のある物質、いわゆるPOPs（Persistent Organic Pollutants）について廃絶、削減していこうとする条約、POPs条約（残留性有機汚染物質に関するストックホルム条約、Stockholm Convention on Persistent Organic Pollutants）が、2001年ストックホルムの会議で採択されます。2004年に発効していますが、2025年までの使用の全廃、2028年までの適正処分が求められます。PCBの処理は、これまで事業者の自主性に委ねていましたが、保管されているPCB関連物による環境汚染への対応とPOPs条約で定められた適正処分の期限を順守することを念頭に、国が中心になって進めることとされました。2001年にいわゆるPCB特措法（ポリ塩化ビフェニル廃棄物の適正な処理の推進に関する特別措置法）が成立します。

ア 廃棄物処理法による取扱い

廃棄物処理法では、特別管理産業廃棄物として、廃PCB、PCBを含む廃油、PCB汚染物（PCBが染み込んだ汚泥・木くず・繊維くず・紙くず、PCBが塗布された紙くず、PCBが付着した廃プラスチック類・金属くず・陶器くず・がれき類やPCBが封入された廃プラスチック類・金属くず）、一定のPCB処理物^(注58)が規定され、通常の産業廃棄物よりも厳しい処理基準が定められていますが、さらに、PCB関連特有の特別の個別基準が定められています。収集運搬については漏洩や揮発を防止するために密閉した容器で行うことなどが定められていますが、処分についても焼却・除去・分解の方法が特別に定められています。また、埋立処分にあたっては、汚泥は遮断型での埋立てが求められ、廃PCB等はあらかじめ焼却すること等が求められています。

> より
> **深く…**

PCB関連の特別な処理基準

特別管理産業廃棄物の処理基準に加え、収集運搬について運搬容器に収納するとともに、その運搬容器の構造（密閉できること、収納しやすいこと、損傷しにくいこと）について定められています。また積替えの場合は容器に密封し、揮発防止措置を講じ、高温にさらされないようにすること、廃蛍光ランプ用安定器等一定の汚染物（「環境大臣が定めるポリ塩化ビフェニル汚染物」平成27年11月24日環境省告示135号）は被害が生じないように形状を変更しないこと、腐食防止のために必要な措置を講ずることが定められています（則8条の10）。さらに処分再生には焼却・除去・分解によるとされていますが、除去・

（注58） PCB処理物で特別管理産業廃棄物として処理する必要のない基準が定められています。廃油についてはPCB含有量が0.5mg/kg以下であること、廃酸・廃アルカリについては0.03mg/l以下であること、廃プラスチック類や金属くずについては付着も封入もされていないこと、陶磁器くずについては付着していないこと、それ以外の場合は処理物に含有される量が0.003mg/l（検液）以下であることとされています（令2条の4第5号、則1条の2第4項）。

分解について特別な方法（「特別管理一般廃棄物及び特別管理産業廃棄物の処分及び再生の方法として環境大臣が定める方法」平成4年7月3日厚生省告示194号）が定められています。埋立処分についてもあらかじめ除去することや焼却により基準に適合させたりすることが求められています（0.003mg/l（検液）以下、判定基準省令3条8項、9項）。特に汚泥でPCBを含む基準不適合のものは遮断型での処分が求められています（令6条の5第1項）。

　なお、一般廃棄物においても廃エアコン、廃TV受信機、廃電子レンジに含まれるPCBを含む部品が特別管理一般廃棄物とされ、これらについては特別管理一般廃棄物の処理基準に加え運搬容器に収納して収集運搬すること、運搬容器の構造について特別に定められています（則1条の11）。また、積替えの場合には腐食防止措置（則1条の14）が求められています（令4条の2）。

イ　PCB特措法

　前述したようにPCB特措法は進まないPCB廃棄物の処理を国が中心になってその処理を進めようという目的で制定されました。基本となる処理主体は、当初は環境事業団、現在は法律に基づく特殊会社である中間貯蔵・環境安全事業株式会社（JESCO）です。高度な化学的処理をすることとし、全国に5か所の処理施設を整備しました。当初、処理期限は2016年7月とされていましたが、処理がなかなか進まないということで2026年度末に延長されました。しかし、処分委託をしない事業者がまだ残っているのではないか、現在使用中のPCB使用製品も多数存在するのではないか、さらにそもそも届出のないものも多数あるのではないか、と考えられたことから、2016年に法改正が行われ、PCB廃棄物のうち一定のものを高濃度PCB廃棄物と位置付け、計画的処理期間（遅くとも2024年3月末）より前に処分を確実に終了することとしています。PCB使用製品も含めて制度を整備し、報告徴収や立ち入り検査の権限を強化するとともに、代執行の規定も設けられています。

PCB特措法の概要です。まず、高濃度PCB廃棄物、PCBを使用した電気機器廃棄物で高圧変圧器、高圧コンデンサー、蛍光灯等の安定器等が廃棄物になった物ですが、これらを保管している事業者は処分期限までに自ら処分するかJESCOに処分委託しなければなりません。ただし、これまで計画的に処分をしてきた事業者について処分委託することが確実であるような場合は特例適用として処分期限から1年後の処理完了期間までに処分委託すればいいことになっています（PCB特措法10条）（**図表11－1**）。

図表11－1　高濃度PCB廃棄物の処分期間

	JESCO	保管場所	処分期間	処理完了期限
廃PCB廃変圧器廃コンデンサー等	北九州	鳥取、島根、岡山、広島、山口、徳島、香川、愛媛、高知、福岡、佐賀、長崎、熊本、大分、宮崎、鹿児島、沖縄	2018年3月31日	2019年3月31日
	大阪	滋賀、京都、大阪、兵庫、奈良、和歌山	2021年3月31日	2022年3月31日
	豊田	岐阜、静岡、愛知、三重	2022年3月31日	2023年3月31日
	東京	埼玉、千葉、東京、神奈川		
	北海道	北海道、青森、岩手、宮城、秋田、山形、福島、茨城、栃木、群馬、新潟、富山、石川、福井、山梨、長野		
上記以外の高濃度PCB廃棄物	北九州	岐阜、静岡、愛知、三重、滋賀、京都、大阪、兵庫、奈良、和歌山、鳥取、島根、岡山、広島、山口、徳島、香川、愛媛、高知、福岡、佐賀、長崎、熊本、大分、宮崎、鹿児島、沖縄	2021年3月31日	2022年3月31日
	北海道	北海道、青森、岩手、宮城、秋田、山形、福島、茨城、栃木、群馬、新潟、富山、石川、福井、山梨、長野、埼玉、千葉、東京、神奈川	2023年3月31日	2024年3月31日

環境省HPより著者作成

次に現在も使われているPCB使用製品についてです。その中で高濃度PCB使用製品の所有者は処分期間内にそれを廃棄しなければなりませんので、廃棄後はPCB廃棄物としての規制がかかることになります。なお、処分期間内に廃棄されなかった高濃度使用製品は高濃度PCB廃棄物とみなす、という規定がありますので、たとえ使用

しつづけたとしても高濃度PCB廃棄物同様の処分が必要になります（PCB特措法18条）。

　また、高濃度PCB含有電気工作物など電気事業法の適用を受ける物については電気事業法の枠組みを活用して処理完了期限までに処分等を完了することになっています（PCB特措法20条）。

　これらの流れを図にしたものが以下のとおりです（**図表11－2**）。

図表11－2　処分までの流れ

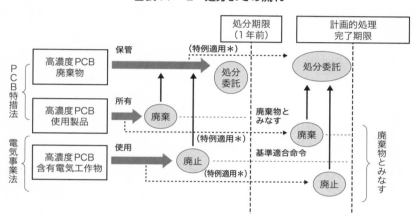

特例適用：計画的に処分を行ってきた者に対して、処分が確実と
　　　　　認められる場合に1年期限が延長される

環境省HPより著者作成

　なお、PCB廃棄物のうち高濃度PCB廃棄物でないもの、微量PCB汚染廃電気機器やPCBで汚染されたもので低濃度のものなどですが、これらはPOPs条約の期限も視野に入れて2027年3月31日までに処分（処分委託）しなければならないとなっています（PCB特措法14条）。この場合、自ら処分せず処分委託する場合はPCB廃棄物に係る特別管理産業廃棄物処理業者や大臣認定を受けた無害化処理認定業者に処分委託することになります。低濃度PCB使用製品については高濃度の物のように処分期間内に廃棄されなかった物について廃棄物とみな

すという規定はありませんが、処分期限後に廃棄した場合に直ちに違法状況となりますので、低濃度であっても処分期限を見据えて着実に処分する必要があります。

　PCB特措法では、PCB廃棄物の処分を確実にするための手続規定もあり、PCB廃棄物の保管事業者等はPCB廃棄物の保管・処分状況を毎年度届け出ること、都道府県知事はその状況を公表すること等が定められています（PCB特措法8条、9条）。高濃度PCB廃棄物については保管場所の変更は禁止です。また、PCB廃棄物について譲渡・譲受は禁止されています（PCB特措法17条）。これは廃棄物関係で有償譲渡を認めることでその廃棄物が行方不明となり不法投棄につながった事例等もあったことから設けられた規定です。建物等の売買にあたり動産としてのPCB廃棄物が建物内にあるような場合では、売り主がその処分責任を負うことになります。

　また、廃棄物処理法はPCB廃棄物についても適用されますので、例えば保管事業者等が倒産などで消滅した場合についても廃棄物処理法の措置命令により当該法人の役員であった者等に対して適正保管や処理の命令を発することも考えられます。

より深く…

高濃度PCB廃棄物

　PCB特措法では、「PCB廃棄物」として、PCB原液、PCBを含む油、PCBが塗布され・染み込み・付着し・封入された物が廃棄物になったものとしていますが、そのうち環境に影響を及ぼすおそれの少ないものとして、処分するために処理され、一定の基準（＊）に適合するものは除かれています（PCB特措法施行令1条、同施行規則2条）。「高濃度PCB廃棄物」については、PCB原液が廃棄物になったもの、PCBを含む油が廃棄物になった物で重量で含有割合が0.5％超のもの、汚泥、紙くず、繊維くず、木くず

等PCBが塗布・染み込みこんだ物が廃棄物になった物でPCBを含む部分における重量割合が100,000mg/kg超のもの、廃プラスチック類に付着・封入された物で廃プラスチック類における重量割合100,000mg/kg超のもの、金属くず・ガラスくず・陶磁器くず・がれき類等に付着・封入された物が廃棄物になった物で付着・封入された物における重量割合が5,000mg/kg超のものとされています（同令2条、同則4条）。

（＊）廃油：0.5mg/kg以下、廃酸・廃アルカリ：0.03mg/l（試料）以下、廃プラスチック類・金属くず：PCBが付着・封入されていない、陶磁器くず：PCBが付着していない、それ以外：0.003mg/l（検液）以下

PCB使用製品

　PCB特措法では、「PCB使用製品」として、PCB原液、PCBを含む油、PCBが塗布され・染み込み・付着し・封入された製品としていますが、そのうち環境に影響を及ぼすおそれの少ないものとして、一定の方法でPCBを除去したものは除かれています（PCB特措法施行令3条、同施行規則5条、微量PCB含有電気機器課電自然循環洗浄実施手順書（平成27年3月31日））（このうち封入されている油については重量割合で0.3mg/kg以下とされています）。「高濃度PCB使用製品」については、PCB原液、PCBを含む油のうち重量で含有割合が0.5％超のもの、紙、繊維、木等PCBが塗布・染み込んだ製品でPCBを含む部分における重量割合が100,000mg/kg超のもの、プラスチックに付着・封入された製品でその製品における重量割合が100,000/kg超のもの、金属・ガラス・陶磁器等にPCBが付着・封入された製品で付着・封入された物における重量割合が5,000mg/kg超のものとされています（同令4条、同則7条）。

PCB使用の電気工作物について

　電気事業法では、1976年以降PCB使用電気工作物の新設は禁止されています。そのうえで電気事業者に使用状況や廃止状況の届出を求めていますが、自家用電気工作物の設置者はPCB使用電気工作物の有無の確認作業を実施し、廃止予定時期を決めて取り外さなければなりません。その場合、使用を

終えた電気工作物のPCB廃棄物はPCB特措法の期限までに処分又は処分委託をする必要があります。

PCB廃棄物処理への支援等

PCB廃棄物の処理については確実な処分を促進するための支援策も設けられています。はじめに基金による助成です。中小企業者等の負担軽減のため処理費用の70%～95%が助成されます。独立行政法人環境再生保全機構に国や都道府県の出捐等による基金を設けています。また、PCB廃棄物の保管・運搬・処分費用に充てるための長期の運転資金の貸付制度を日本政策金融公庫が設けています。

PCB廃棄物は使用されなくなってから長期にわたり事業者が保管している場合が多くあります。廃棄された変圧器やコンデンサーが使用されなくなったボイラー室とか廃業した会社の倉庫等で見つかることもあります。また、蛍光灯の安定器にあるPCB廃棄物が蛍光灯をLEDに交換したときにそのまま廃棄されず残置している場合もあると聞きますので、注意が必要です。

コラム　　環境事業団

環境事業団は、大気汚染等の公害防止のために工場移転、緑地整備、公害防止施設整備貸付等の事業を行っていた公害防止事業団がその前身で、1996年に名称変更をし、地球環境基金事業等も手掛けてきた法人です。2001年のPCB特措法の制定とともに環境事業団法が改正されPCB廃棄物の処理事業を行うことになりました。環境事業団そのものは特殊法人改革の一環として独立行政法人である環境再生保全機構と法律による特殊会社である日本環境安全事業株式会社に引き継がれましたが、PCB廃棄物の処理は特殊会社の方に引き継がれました。その後、2011年の東京電力福島第一原子力発電所事故によって汚染された地域の除染事業が国により行われましたが、その除染廃棄物の中間貯蔵事業を行うこととされ、2014年の法改正で現在の中間貯蔵・環境安全事業株式会社（通称JESCO）となっています。

② アスベスト

アスベストは石綿ともいわれ、天然に存在する繊維状の鉱物です。主成分は珪酸マグネシウム塩で主たる産出国はカナダ、南アフリカ、ロシア等です。柔らかく耐熱、対摩耗性に優れボイラー暖房パイプの被覆、自動車ブレーキ、建築材などに広く利用されました。しかし、繊維が肺に突き刺さったりすると肺がんや中皮腫の原因になることが明らかとなり、WHO（世界保健機関：World Health Organization）ではアスベストを発癌物質と断定しています。日本でもこれまで、大気汚染防止法、労働安全衛生法などにより規制されてきましたが、現在では製造も使用も禁止されています。

アスベストの有害性については第二次大戦前から石綿肺として知られていましたが、当初は労働行政の中で規制の強化が順次行われました。1987年に学校施設の吹き付け石綿が社会問題になり、このことにより石綿の除去工事が進められました。廃棄物としての石綿、廃石綿の増加が見込まれることから、いわゆる「62年通知」（「アスベスト（石綿）廃棄物の処理について」昭和62年10月26日環水企第317号衛産第34号）が発せられ、飛散防止措置等の徹底が図られています。具体的には、湿潤化した後にプラスチック袋で二重に梱包か堅固な容器に密封又は水硬性セメント等により固化する方法等が示されています。さらに、1988年には建設・解体工事に伴うアスベスト廃棄物処理に関する技術指針・同解説も作成され、廃石綿の適正な処理方法等が示されています。

1991年に廃棄物処理法が改正され、特別管理廃棄物制度が創設されます。廃石綿のうち飛散性のあるものは特別管理産業廃棄物とされ、特別の基準が適用されます（令6条の5）。一方、飛散性のないものについては一般の産業廃棄物としての処理基準によることになりま

すが、2006年改正において一定の石綿含有廃棄物については特別の基準が設けられています（令3条、6条）。

　なお、いわゆる2005年のクボタショックを契機として、政府の総合対策が取りまとめられ、石綿健康被害救済法（石綿による健康被害の救済に関する法律）が制定されるとともに、石綿被害防止のための大気汚染防止法、廃棄物処理法、建築基準法、地方財政法の4つの法律が改正されています。このうち廃棄物処理法では、石綿含有廃棄物が増加することを見据えて、埋立処分以外の新たな処分ルートを確保するため、無害化処理認定制度が創設されています（法9条の10、15条の4の4、**第8章 ③**（153ページ）参照）。

アスベストによる健康影響

　アスベストによる健康影響の主なものです。①石綿肺：肺が繊維化してしまう病気。肺の繊維化を起こすものとしては石綿のほか、粉じん、薬品など多くの原因がありますが石綿の曝露によっておきた肺繊維症を石綿肺と言います。職業上アスベスト粉じんを10年以上吸入した労働者に起こると言います。潜伏期間は15〜20年間。アスベスト曝露がなくなった後でも進行すると言われています。②肺がん：肺細胞に取り込まれた石綿繊維の主に物理的刺激により発生。喫煙とも深い関係があります。アスベスト曝露から肺がん発症までに15〜40年の潜伏期間。曝露量が多いほど肺がんの発生が多いことが知られています。③悪性中皮腫：肺を取り囲む胸膜、肝臓や胃などの臓器を囲む腹膜、心臓を覆う心膜等の中皮から発生した悪性腫瘍。若い時期にアスベストを吸い込んだ方が悪性中皮腫になりやすいことが知られています。潜伏期間は20年〜50年。中皮腫の発生部位としては胸膜が圧倒的に多く、次いで腹膜、心膜、精巣鞘膜にも発生の報告があります。

特別管理産業廃棄物とされている廃石綿等

特別管理産業廃棄物とされている廃石綿等は、①石綿が吹き付けられた建材から除去された石綿、②石綿を含む建材から除去された石綿保温材・けいそう土保温材・パーライト保温材・これらと同等の飛散性のある保温材・断熱材・耐火被覆材、③石綿建材除去事業で用いられた防じんマスク等（石綿の付着のおそれのあるもの、④⑤も同じ）、④石綿粉じん発生施設で生じた石綿とその工場等で用いられた防じんマスク等、⑤輸入された石綿で集じん施設で集められたものと防じんマスク等です（則1条の2第9項）。

特別の処理基準

特別管理産業廃棄物についてですが、処分・再生については人の健康や生活環境への被害をなくす方法として溶融施設による溶融・無害化処理の方法が示されています（「特別管理一般廃棄物及び特別管理産業廃棄物の処分又は再生の方法として環境大臣が定める方法」平成4年7月3日厚生省告示194号）。埋立処分については管理型処分場でも埋め立てられますが、あらかじめ飛散防止のための固型化・薬剤安定化等の措置をしたうえ、耐水性材料で二重梱包し、一定の場所で分散しないようにすること、表面を土砂で覆うこと等さらなる個別の基準も定められています（令6条の5）。

特別管理産業廃棄物以外の石綿を含む廃棄物ですが、工作物の新築・改築・除去により生じたもので重量割合0.1%超の石綿含有廃棄物について特別の処理基準が定められています。収集運搬にあたって破砕や他の物との混合のおそれがないようにし、積替え（積替え保管）にも混合のおそれがないように仕切りを設けることが求められ、処分・再生にあたってもその保管には混合のおそれがないように仕切りを設けるほか、処分・再生の方法として溶融、無害化処理等が定められています（「石綿含有一般廃棄物及び石綿含有産業廃棄物の処分又は再生の方法として環境大臣が定める方法」平成18年7月27日環境省告示102号）。埋立処分にあたっても、一定の場所で分散しないように、また、埋立地外に飛散流出しないように土砂で表面を覆う等の措置が求められています（令3条、6条）。

　なお、石綿含有一般廃棄物、石綿含有産業廃棄物、特別管理産業廃棄物を処分再生したことで生じた廃棄物の埋立処分についても「特別管理一般廃棄物等を処分又は再生したことにより生じた廃棄物の埋立処分に関する基準」（平成4年7月3日環境庁告示42号）が示されています。

コラム　クボタショック

　下水管などを製造していたクボタが2005年6月「神崎工場の従業員74人がアスベスト関連病で過去に死亡し、工場周辺に住み中皮腫で治療中の住民に見舞金を出す」と発表しました。これに続いて造船、建設、運輸業などの石綿作業者の健康被害が報道されました。こうした報道が大きく広がったことから政府としてもアスベスト問題に関する関係閣僚会議を開催し、政府の過去の対応を検証するとともに当面の対応を決定しました（2005年9月）。①被害の拡大防止策としてアスベストの製造、使用の禁止、建築物解体時の飛散防止、②国民の不安への対応として相談窓口の設置、③過去の被害への対応として労災制度の周知、新たな救済制度の創設、④過去の対応の検証、⑤実態の把握等です。

コラム　アスベスト規制の経緯

　アスベストに対する規制の経緯です。石綿肺は第二次大戦の前から知られていましたが、1956年に労働行政の一貫として特殊健康診断指導指針にアスベスト関連が入ります。1970年には石綿作業所総点検が行われ、1971年には特定化学物質などの障害予防規則が定められました。製造工場を対象に局所排気装置の設置や測定を義務付けしています。1972年にILO（国際労働機関：International Labour Organization）やWHOの国際がん研究機構がアスベストのがん原性を認めました。国内でも労働安全衛生法を改正して局所排気装置、安全衛生教育、健康管理について規制を強化しています。1975年には、がん原生を考慮して、労働安全衛生法施行令を改正し、吹付

け作業の原則禁止、取扱い上の湿潤化、抑制濃度5000本／L、規制対象石綿濃度5%等の措置をとりました。環境庁も一般大気環境中の濃度測定について検討し、1985年からは一般環境のモニタリングを開始しています。

1987年、学校施設での吹付け石綿が社会問題になりました。1988年に作業環境評価基準を定め（2000本／L）、1989年には大気汚染防止法を改正し、アスベスト製造工場に排出規制を導入（敷地境界10本／L）しました。一般環境では中皮腫のリスクは大変低いのではないかと考えられていましたが、工場には敷地境界で100本／Lを超えるようなところもあり、規制に踏み切りました。また、アスベスト除去作業によりアスベスト廃棄物が増加することを想定して廃棄物処理に関する通知も1987年に発出されています。廃棄物処理法ではもともと廃棄物処理にあたって飛散しないようにということが処理基準としてありましたので、その具体的な方法を示すものでした。

1995年1月に阪神淡路大震災がありました。多くの建物が崩壊し、解体作業によってアスベストの飛散が予想されました。事実、3か月後ぐらいからアスベスト濃度が高くなった地域もあります。アスベストの中で一般に使用されているものはクリソタイル（白石綿）ですが、それより毒性の強いアモサイト（茶石綿）、クロシドライト（青石綿）はこの年労働安全衛生法で製造などが禁止されました。1996年に大気汚染防止法を改正し、吹付け石綿を使用する建物の解体作業への規制が始まります。

2005年12月のクボタショックの後、アスベスト問題にかかる総合対策が取りまとめられます。①シームレスな健康被害の救済として、石綿健康被害救済法の制定、労災制度の周知徹底、②未然防止対策として、既存施設でのアスベスト除去（学校、病院、福祉施設などの吹付け石綿の除去）、アスベストに関する規制強化、③国民の不安への対応として、健康相談などを実施することとしました。2006年に救済法が制定され、規制強化ということで大気汚染防止法等の改正が行われました。①解体作業規制に建物以外の工作物も対象とすること、②学校等の除去作業を円滑に行うための地方債の特例を創設すること、③建築基準法関係で建物の増改築時にアスベスト除去を義務付けること、④廃棄物処理法関係で無害化処理施設の特例を創設すること、などです。

　なお、2011年の東日本大震災でも多くの建物が損壊し、解体過程で石綿が飛散する事例がありました。また、2030年ごろに石綿使用の建物解体のピークを迎えることが予想され、建物解体時の飛散防止対策の強化が2013年改正で行われました。具体的には新たに解体作業の届出義務者を発注者側とし、解体作業の責任の一部を発注者側にも負わせました。さらに2020年改正では、これまでの法律では飛散しないということで規制対象でなかった石綿含有成形版などの建材についても不適切な除去を行えば石綿が飛散するおそれのあることから、これらの建材についても規制対象とするとともに、不適切な除去作業が行われないように事前調査の徹底や罰則の強化などの措置が講じられています。

③ 水　銀

　水銀は常温でも液体である唯一の金属です。金属水銀は温度計や圧力計などの計量器、体温計や血圧計などの医療用計測器、電極、蛍光灯、水銀灯、歯科用アマルガムなどの用途に幅広く使われています。液体の金属水銀の毒性はそれほど高くはないものの、加熱して水銀蒸気になると体内に吸収されやすくなり人への影響がでてくるとされています。また、化合物である有機水銀は無機水銀に比べ毒性が強く、体内に取り込まれると中枢神経系への影響があり、メチル水銀は水俣病の原因物質とされています。水俣病はアセトアルデヒドの製造工程で使っていた無機水銀の触媒から生じた微量のメチル水銀が工場排水として水俣湾に排出され、食物連鎖の過程で生物濃縮により魚介類に蓄積し、それを食べることによって発生した公害病です。メチル水銀中毒の母親から胎盤を経由して胎児に移行し、言語機能発育障害・嚥下障害・運動機能障害を示す場合には胎児性水俣病とも言われています。

　水銀は一度環境中に放出されると分解されることなく自然界を循環します。産業革命以来その人為的な排出は増えてきており、特に途上

国において、金の採掘や工場跡地の残留水銀の処理の問題など世界的な課題になっていました。そこで、2009年2月に国連環境計画（UNEP）管理理事会で国際的な水銀規制に関する条約を制定することに合意がなされ、2013年10月に条約として採択されました。発効は2017年8月です。「水銀に関する水俣条約（Minamata Convention on Mercury）」と言います。この条約の国内担保ということで2015年に水銀環境汚染防止法（水銀による環境の汚染の防止に関する法律）が制定され、水銀採掘や製造工程における水銀使用が禁止されるとともに、水銀使用製品の製造なども原則禁止されます。さらに環境汚染への対応として大気汚染防止法の改正で水銀排出施設について排出基準が設けられます。廃棄物処理法でも廃水銀等やそれを処分するために処理したものを新たに特別管理一般廃棄物や特別管理産業廃棄物に指定して、厳格な処理基準、保管基準を設けて対応することとされています。

　特別管理一般廃棄物としては、一般廃棄物となった水銀使用製品から回収した廃水銀とその処理したもの（硫化・固型化したものを除く）が指定され、特別管理一般廃棄物の処理基準に加え、収集運搬に容器収納を求めるなど特別な基準が求められています。また、特別管理産業廃棄物としては一定の廃水銀や廃水銀化合物とそれらを処理したものが指定され、特別管理産業廃棄物の処理基準に加え、特別な基準が設けられています。また、特別管理廃棄物には指定されなくても水銀等の大気への飛散防止、排出抑制を図るため、廃棄物処理法において、水銀使用製品産業廃棄物、水銀含有ばいじん等の産業廃棄物 [注59] については、新たに

(注59) 水銀使用製品産業廃棄物の対象は、産業廃棄物になったもので、新用途水銀使用製品の製造等に関する命令の水銀使用製品で規則別表四に掲げられています。水銀電池、温度計、体温計等です。また、その水銀使用製品を材料・部品として製造される水銀使用製品も含まれます（則7条の2の4）。次に、水銀含有ばいじん等の対象は、ばいじん・燃え殻・汚泥又は鉱さいについては水銀を15mg/kg超含有するもの、廃酸・廃アルカリについては水銀を15mg/l超含有するものとされています（則7条の8の2）。

特別な処理基準が設けられています。これらの基準等については環境省より「水銀廃棄物ガイドライン第3版」(令和3年3月)が発出されています。

特別管理一般廃棄物の処理基準に加えられる特別な基準

　特別な処理基準としては、特別管理一般廃棄物の処理基準に加えて、収集運搬には特別な運搬容器(密閉できること、収納しやすいこと、損傷しにくいこと)が求められるほか積替え(保管)にも、常温で液体、揮発するという水銀の特性に応じ、密封することなどの飛散流出揮発防止措置、高温防止措置、腐食防止措置が求められています。処分再生には硫化・固型化が求められています(令4条の2、則1条の11の2、1条の14、前記告示平成4年7月3日厚生省告示194号(②【より深く…】「特別の処理基準」(191～192ページ)参照))。処理された水銀処理物は一般廃棄物として埋立処分となりますが、アルキル水銀化合物について検出されない等の基準に適合しないものはいわゆる遮断型に、適合するものはいわゆる管理型に埋め立てることとなります。いわゆる管理型で埋め立てる場合は一定の場所で分散しないように、他の廃棄物と混合しないようにし、流出防止措置や雨水の浸入防止措置をして埋め立てることとされています(則1条の7の5の2、1条の7の5の3、「水銀処理物に含まれる水銀等の検定方法」(平成29年6月9日環境省告示51号)、「産業廃棄物に含まれる金属等の検定方法」(昭和48年2月17日環境庁告示13号)。

特別管理産業廃棄物の処理基準に加えられる特別な基準

　特別管理産業廃棄物に指定される物は、①一定の施設で生じた廃水銀・廃水銀化合物、②水銀・その化合物が含まれる物や水銀使用製品が産業廃棄物となった物から回収された廃水銀、③これらを処分するために処理したもの(水銀精製設備による精製残さは除く)です(令2条の4、則1条の2第5項、6項)。また、④鉱さい、ばいじん、汚泥、廃酸、廃アルカリについても一定の水銀・その他化合物等が含まれるもの(基準に適合しないもの)とその処理物(基準に適合しないもの)も指定されています。

　特別管理産業廃棄物であるこれらの廃水銀等の特別な処理基準ですが、収

集運搬は、特別な運搬容器を求めるなど積替え（保管）を含め特別管理一般廃棄物と同様に定められています。また、④鉱さい・ばいじん・汚泥（水銀1000mg/kg以上）や廃酸・廃アルカリ（水銀1000mg/l以上）の処分・再生については、大気中に飛散しないようにし、あらかじめ焙焼等をして水銀ガスを回収すること等が求められています（「水銀使用製品産業廃棄物等から水銀を回収する方法」平成29年6月9日環境省告示57号）。埋立処分するには、廃水銀等はあらかじめ硫化・固型化が必要です（「金属等を含む廃棄物の固型化等に関する基準」昭和52年3月14日環境庁告示第5号）。処理したもので判定基準に適合しない物は固型化のうえ遮断型での埋立処分が求められますが、適合する物は管理型での処分も認められています。廃水銀等は、一定の場所で分散しないように、他の廃棄物と混合しないようにするとともに、流出防止措置や雨水浸入防止措置を講ずることが求められています（令6条の5、則8条の10の3の2、8条の12の3、判定基準省令3条6項）。

水銀使用製品の処理基準

　水銀使用製品産業廃棄物の収集運搬には、破砕することのないように、他の廃棄物と混合するおそれのないようにして行い、積替え（保管）も他の廃棄物と混合するおそれのないように仕切りを設ける等の措置が必要です。

　処分再生については、水銀使用製品産業廃棄物も水銀含有ばいじん等も、水銀等が大気中に飛散しないようにするとともに、水銀等の割合が多い物[注60]についてはあらかじめ一定の方法で水銀を回収することが求められています。水銀使用製品産業廃棄物の保管も他の廃棄物と混合するおそれのないように仕切りを設ける等の措置が必要です（前記平成29年6月9日環境省告示57号）。

　埋立処分については、水銀含有ばいじん等のうち燃え殻・ばいじん・汚泥の処理物であらかじめ基準[注61]に適合するものとし、固型化したものは管理型で埋立処分できますが、固型化したものが基準に適合しない場合は遮断型で埋立処分することになります（令6条1項3号ハ、タ）。

（注60） 水銀等の割合が多い物として規則別表五の製品（温度計、水銀体温計等）が定められていますが、水銀含有ばいじん等について、ばいじん・燃え殻・汚泥・鉱さいについては1000mg/kg以上、廃酸・廃アルカリについては1000mg/l以上含有するものとされています（則7条の8の3）。

（注61） 埋立処分の基準はアルキル水銀化合物が検出されないこと、水銀等が0.005mg/l以下であることとされています（判定基準省令1条）。

④ ダイオキシン類

　ダイオキシン類対策特別措置法のダイオキシン類とは、ポリ塩化ジベンゾパラジオキシン（PCDD）、ポリ塩化ジベンゾフラン（PCDF）、コプラナPCBのことを指します。ダイオキシン類には同じPCDDでも異性体といって塩素の位置や数によっていくつもの仲間（PCDDでは135種類）があり、それぞれ毒性の強さが異なっています。したがって、ダイオキシン類の毒性評価をする場合には、PCDDのうち最も毒性の強い2,3,7,8-TCDDの毒性を1として他のダイオキシン類の毒性の強さを換算し、これを毒性等価係数（TEF：Toxic Equivalency Factor）と言いますが、これを用いてダイオキシン類の毒性を足し合わせた値、毒性等量（TEQ：Toxic Equivalent）を用います。

　ダイオキシン類は意図的に作られることはありません。炭素、酸素、水素、塩素を含む物質が熱せられるような過程で自然に出てしまうものです。現在の主な発生源はごみ焼却による燃焼です。その他、製鋼用電気炉、たばこの煙、自動車排ガス等が発生源になります。環境中に出た後の動きはよくわかっていません。大気中の粒子などについたダイオキシン類は地上に落ちて土壌や水を汚染し、底泥等に蓄積されているものを含めて、プランクトンや魚介類に取り込まれ、食物連鎖を通じて他の生物にも蓄積されていくと考えられています。

　ダイオキシン類のうち2,3,7,8-TCDDは人に対して発がん性があるとされています。動物実験では、多量に摂取することで発がんを促進する作用があり、生殖機能、甲状腺機能、免疫機能への影響があることが報告されていますが、人に対する影響はまだよくわかっていません。日常生活で通常に摂取する量ではいずれにしても急性毒性は生じないとされています。日本人は一般的な食事や呼吸を通じて日平均約0.85pg-TEQ/kg体重[注62]のダイオキシン類を摂取しているとされて

います。脂肪組織に残留しやすい性質で、食品では魚介類、肉、乳製品、卵に含まれやすくなっています。母乳中のダイオキシン類について問題になったことがありましたが、様々な対策もあり、データのある1973年に比べ10分の1程度まで減少しているという研究があります。

ア　ダイオキシン類対策特別措置法（廃棄物処理関連）

　ダイオキシン類対策についてです。1983年にごみ焼却施設の集じん灰からダイオキシン類が検出されたことから社会的に大きな関心を呼びました。そこで河川の底質や大気についてモニタリングが行われていましたが、ごみ焼却施設について対策をとるべく「ダイオキシン類発生防止等ガイドライン」（1990年12月）が発出され、ごみ処理に係るダイオキシン類対策が図られました。その後、当面のダイオキシン類の耐用1日摂取量（10pg-TEQ/kg/日）が提案されたことに伴い新たに「ごみ処理に係るダイオキシン類発生防止等ガイドライン」（1997年1月）が発出され、さらなる対策の強化が図られました。

　1997年7月に大阪府豊能郡美化センターの排ガスのダイオキシン類濃度が基準値を大幅に超過していることが発覚し、その後の調査で当該施設や周辺土壌から高濃度のダイオキシン類が検出され、大きな社会問題となりました。原因としては不完全燃焼によるダイオキシン類の発生や排ガス処理過程におけるダイオキシン類の生成が推定されました。廃棄物処理施設の構造や維持管理の基準の改正が行われるとともに、「廃棄物焼却施設におけるダイオキシン類削減対策の徹底について」（平成10年9月21日衛環第81号）という通知が発出され対策の強化が図られました。

　一方、1990年ごろから、埼玉県の所沢周辺地区（通称くぬぎ山）

（注62） pgはピコグラムで1gの1,000,000,000,000分の1です。またngはナノグラムで1gの1,000,000,000分の1です。

においては、土壌等のダイオキシン汚染が問題視されていました。多くの産業廃棄物の焼却炉が設置され、いわゆる「産廃銀座」とも称されていましたが、野外焼却も行われていたと言います。所沢産野菜の汚染報道があり1999年ごろには大きな社会問題に発展していきました。ダイオキシン類対策の充実強化は国会でも議論され、議員立法という形でダイオキシン類対策特別措置法（Dx対策法）が制定されます。廃棄物に関しては廃棄物焼却炉からのばいじん・燃え殻の処分基準（ダイオキシン類の含有量3ng/g）が定められるとともに、廃棄物処理法の特別管理一般廃棄物又は特別管理産業廃棄物として特別の規制を受けることとされました。また、廃棄物の最終処分場の維持管理については、大気・公共水域・地下水・土壌が汚染されないようにとされ、具体的には最終処分場の周縁の地下水の水質検査と汚染が認められた場合の措置、浸出液処理設備の維持管理基準（10pg/l）等が定められています（Dx対策法24条、25条 [注63]）。また、法の施行に伴い廃棄物処理基準等の改正も行われています。

> **より深く…**
>
> ### ダイオキシン類関連の特別管理廃棄物の対象
>
> 　一般廃棄物も産業廃棄物も、ばいじん・燃え殻・汚泥の一定の物については特別管理一般廃棄物・特別管理産業廃棄物として特別の規制を受けています。特別管理一般廃棄物では、ばいじん・燃え殻については廃棄物焼却炉で火床面積が0.5㎡以上又は焼却能力50kg/h以上の施設から生じたものやそれらを処理したものが、汚泥については廃棄物焼却炉から発生するガスを処理する施設（排ガス洗浄施設・湿式集じん施設）や灰の貯留施設を有する事業場等で生ずるもの（それぞれダイオキシン類含有量3ng/g超）が対象です

(注63) Dx対策法25条1項の最終処分場の維持管理基準は「ダイオキシン類対策特別措置法に基づく廃棄物の最終処分場の維持管理の基準を定める省令」で定められています。

（令1条4号〜7号、則1条5項、Dx対策法施行令別表）。また、特別管理産業廃棄物では、下水道法に係る指定下水汚泥やその処理したもの、廃棄物焼却炉等から生ずるばいじん・燃え殻・その処理したもの、ダイオキシン類対策特別措置法の一定の施設を有する事業場等から生ずる汚泥・廃酸・廃アルカリとその処理物（それぞれダイオキシン類3ng/g超、廃酸・廃アルカリであれば100pg/l超）が対象です（令2条の4第5号、則1条の2第7項、11項、13項）。なお、輸入された廃棄物を焼却して生じたばいじん・燃え殻・汚泥とその処理物（ダイオキシン類3ng/g超）、輸入した燃え殻・汚泥（ダイオキシン類3ng/g超）も対象とされています（令2条の4第7号〜11号、則1条の2第16項）。

ダイオキシン類関連の廃棄物処理基準

収集運搬についてですが、ばいじん等について特別管理一般廃棄物とそうでない廃棄物については混合防止のため区分する必要がありますが、廃棄物焼却炉等一定の施設から排出され全量を溶融・焼成する場合は、その例外としています（則1条の9）。また、特別管理産業廃棄物のうちダイオキシン類を含むばいじん・燃え殻・汚泥について埋立処分する場合には、当該物を処理したものも含めあらかじめ基準（ダイオキシン類3ng/g）に適合するものにする必要があります（令6条の5第1項3号、判定基準省令3条12項、13項）。

イ　ダイオキシン類対策特別措置法（廃棄物処理関連以外）

この法律は、ダイオキシン類による環境汚染の防止を目的とし、基準を定め、環境への排出を規制し、汚染された土壌について対策を図るというものです。基準として耐容1日摂取量を体重1kg当たり4pg-TEQと定め、それに基づいて大気、水質、土壌の媒体ごとの環境基準を設定するという手法を採用しています（Dx対策法7条）。これまでの環境法は、大気汚染防止法もそうですが、大気とか水とか土壌という媒体ごとに法律を定めています。ダイオキシン類対策

では媒体ごとではなく総体的に環境管理を図っていこうということです。さらにこの基準値による排出基準については「技術水準を勘案」することとしています。一般的に閾値のない化学物質に使用される手法で、リスクベースによる規制、リスクを低くするためにここまで規制しなければ、というものではなく、当該施設についてのテクノロジーベースの規制、利用可能な最良の技術（BAT：Best Available Techniques）又は環境のための最良の慣行（BEP：Best Environmental Practices）による規制方法が採用されています（Dx対策法8条）。

　事業活動から排出されるダイオキシン類については削減計画を作成して、削減することとしています（Dx対策法11条）。当初計画では、2002年目標として1997年比9割削減という野心的な目標が掲げられました。政府としては排出源の大部分を占めるごみの焼却施設についてダイオキシン類を発生しにくい施設、高温で連続焼却できる施設への建て替えが促進されました。結果、9割削減の目標を達成し、1997年時点で8,000gTEQ前後であった排出量は2012年では137gTEQ前後に98％以上の削減率を達成しています。POPs条約の国際会議等では日本のダイオキシン類への取組みは大変高い評価を受けています。

　大気、水質、土壌についての常時監視や関係施設設置者による測定も定められています。ダイオキシン類の測定はすべての異性体を測定する必要があり費用がかかります。そこでスクリーニングという観点から、近年「生物検定法」、生体反応を活用した検定法でトータルとしての毒性を測る方法の活用も進められています。

コラム

閾　値

　化学物質の人への健康影響を判断する場合によく発がん性が問題とされ
ますが、ダイオキシン類では2,3,7,8-TCDDが明らかに発がん性のある物
質とされています。発がん性のある物質についてはその遺伝子障害性から
いわゆる「閾値」のある物質とない物質に分けられ、ダイオキシン類は閾
値のある物質とされています。「閾値」とは化学物質等の有害性の評価に用
いられる用語です。動物実験等によってこのレベル以下の曝露量では有害
影響が生じない、とされるような量のことです。「閾値のある」化学物質に
ついてはその量を基礎として基準値等が定められますが、「閾値のない」化
学物質、ベンゼンのように少しの曝露量でも影響が出る可能性のあるもの
については例えば10万分の1の確率で発がんする曝露量等を基礎として基
準値等が求められます。

第12章
Chapter12

災害廃棄物

清掃法と廃棄物処理法

　廃棄物に関する法律で「災害」について規定されたのは清掃法からです。清掃法18条には「ごみ又はふん尿を処理するために必要な施設の設置に要する経費」に加え、「災害その他の事由により特に必要となった清掃を行うために要する費用」について補助ができるとされていました。これは清掃法2条3項にある国の責務規定にある「財政的援助」を具体化したものです。清掃法の目的は生活環境を清潔にして公衆衛生の向上を図ることですが、清掃の実施は市町村の固有の義務でもあり、それは平常時であろうと災害時であろうと変わらないと考えられていました。特に災害等が発生した場合には地域住民には災害廃棄物等により環境衛生上のリスクが増加します。災害時におけるすみやかな清掃の実施、今でいう災害廃棄物の処理がそうしたリスクの防除と災害からの復興の要でもあります。清掃法は清掃事業に対する国からの財政的支援を明らかにするという意図がありました。災害関係の規定も財政支援の規定で設けられたのもそうした経緯からと考えられます。

　清掃法の全面改正を受けた廃棄物処理法でも同じ「財政支援」の条文に「災害」という文言が入れられ、補助率は2分の1以内の額と定められました（法22条、当初の施行令9条（現在の令25条））。また、そのほかに「災害」という文言は、1997年改正での最終処分場の許可申請の要件（災害防止のための計画を求めている）や、2010年改正での建設系の産業廃棄物や特別管理産業廃棄物の場外保管の届出の例外規定等にありますが、災害時における廃棄物処理について基本的に整理したのは2015年改正です。この改正は主に東日本大震災の教訓を踏まえて整理したものですが、災害対策基本法にも廃棄物処理について規定されました。

2 阪神淡路大震災と東日本大震災

ア 阪神淡路大震災

　法律の説明の前に未曽有の大災害であった阪神淡路大震災と東日本大震災の時の災害廃棄物の取扱いについて説明しておきましょう。

　まず阪神淡路大震災についてです。1995年1月17日5時46分に発生した淡路島北部を震源地とするマグニチュード7.3の地震災害で、死者約6,400人、建物被害として全壊約105,000棟、半壊約144,000棟、一部損壊約390,000棟の被害が生じた大震災です。災害廃棄物の発生量は約1,450万トンです。損壊した家屋やビルのがれき類等の処理について個人や中小企業者には市町村の災害廃棄物処理事業で対応しました。国は処理費用の2分の1を補助するとともに、補助事業に係る市町村の負担分について災害対策債の発行を許可し、その元利償還の95%を特別交付税で措置することとされました。もともとは元利償還の80%でしたが、阪神淡路大震災での特例ということで95%に引き上げられています。これで地方の負担は事業費の2.5%ということになりました。大変手厚い対応です。また、損壊した廃棄物処理施設の再建等については、「阪神・淡路大震災に対処するための特別の財政援助及び助成に関する法律」により施設整備に係る費用の10分の8を国庫負担とすることとされ補助率のかさ上げも行われています。

　災害廃棄物の処理には、使用できなくなった家屋等の解体から仮置き場への収集、それらを分別して焼却等の中間処理を行ったうえで最終処分することになります。神戸市では市内6か所に仮置き場が設置され、コンクリート系廃棄物は六甲アイランドの埋立地等で活用されましたが、木質系廃棄物のリサイクルは分別場所もなく困難であったと言います。仮置き場の仮設焼却炉等で減容化して最終処分という対応でした。発災が1995年の1月ですが、最終的に災害廃棄物の処理が

終了したのは1997年度末です。

　阪神淡路大震災における特例として解体費用についても国庫補助の対象にしたことがあげられます。損壊した建物については、解体までは所有者責任、解体後は市町村責任でしたが、被災者の負担軽減と一刻も早い復興のために、個人や中小企業の損壊建物の解体についても所有者の同意のもと、特例的に災害廃棄物処理事業として国庫補助の対象になりました。市町村にとってははじめての解体事業でしたが、費用問題が解決されたことにより解体が進んだと言います。なお、解体作業に伴うアスベスト飛散による環境汚染への対応として、環境調査が行われ、1996年に大気汚染防止法が改正されています。吹付け石綿等の材料を使用している建築物の解体には飛散防止のための作業基準を遵守しなければならないとされました。

イ　東日本大震災

　次に東日本大震災についてです。2011年3月11日14時46分に発生した地震とそれに連動する地震や巨大津波による災害です。地震の規模はマグニチュード9.0、死者約19,600人、行方不明者約2,500人、建物被害全壊約121,700棟、半壊約280,900棟、一部損壊約744,500棟です。災害廃棄物が約2,000万トン、津波堆積物が約1,000万トン発生しました。津波により自動車や家財、家屋が甚大な被害を受けたことから所有者不明のものが大量に発生しました。こうした災害廃棄物の処理には所有権の取扱いについて決めておくことが必要です。3月25日には「東北地方太平洋沖地震における損壊家屋等の撤去等に関する指針」（損壊家屋等撤去指針）が発出され、円滑な災害廃棄物処理のために建物の撤去や自動車等の移動についてのルールを示しています。

　さらに5月16日には「災害廃棄物の処理方針（マスタープラン）」

が取りまとめられ、3年後の2014年3月までに最終処分を目指すことが定められます。すでに岩手県や宮城県等の被災県では災害廃棄物の仮置き場への搬入が始まっていましたので、マスタープランでは収集された廃棄物の焼却・再生利用・最終処分等の取組みに重点が置かれています。福島県の災害廃棄物については東京電力福島第一原子力発電所の事故により放射性物質に汚染されているおそれがあり、別途の扱いとなっています。また、災害廃棄物処理費用については、5月2日に公布された「東日本大震災に対処するための特別の財政援助及び助成に関する法律」において災害救助法にならい補助率を最大90%までにする特例措置が設けられ、地方負担についても全額地方債で対処し、その元利償還費を100%交付税措置するという破格の対応を図っています。しかしながら被害の甚大な市町村ではそうした措置でも十分ではありません。阪神淡路大震災の時とは異なり、沿岸部の市町村では広大な面積が津波で流されています。市町村役場も被災したところが多くあります。そこでは災害廃棄物の処理を市町村で行うということ自体が大変困難です。そこで被災県の岩手県や宮城県では、災害廃棄物の処理に関して早くから地方自治法の事務委託（地方自治法252条の14）が検討され、宮城県では二次仮置き場以降の事務を原則受託する方向で検討されていました。国会でも災害廃棄物の処理に時間がかかっている現状から国が代行して処理すべきではないか、という議論があったほどです。さらに災害廃棄物処理事業の地方負担についても、たとえ補助金の残り10%の負担でも事業費が膨大であることから当面の負担は大変であるとの意見が多く寄せられました。

　そこで新たな法律として災害廃棄物特措法（東日本大震災により生じた災害廃棄物の処理に関する特別措置法）が2011年8月12日に成立し、18日に公布されました。この法律では、国による災害廃棄物の処理代行の規定が設けられ、環境大臣は市町村から要請があって、

処理の実施体制・専門的知識技術の必要性・広域処理の重要性などを勘案して必要があると認めるときは災害廃棄物の処理を行うものとするとされ、費用負担も補助金相当分を国が負担するとされました（災害廃棄物特措法4条、5条）。具体的にはこの制度により福島県沿岸部の相馬市、新地町、広野町、南相馬市で国の代行処理が行われました。

また、市町村事業で行った場合の負担については必要な財政上の措置を講ずるものとし、いわゆる各県で造成されたグリーンニューディール基金の活用によりその負担軽減が図られました（災害廃棄物特措法5条）。具体的には、財政上の特例措置によりかさ上げされた補助率（最大90％で平均86.3％）を基金の活用で平均95％（最大99％）まで引き上げ、地方負担分の地方債についても早期に償還できるような検討が附則で規定されました。なお、この法律では、国のその他の措置として広域的な協力の要請、再生利用を図るための措置、労働環境の整備、感染症の発生予防措置等が規定されています（災害廃棄物特措法6条）。

損壊家屋等撤去指針

　この指針は、建物について、がれき状のものや敷地から流出したものは所有者の承諾を得ることなく撤去して差し支えない、一定の原形をとどめている場合には所有者等の意向を確認することが基本であるが、所有者等に連絡が取れない場合などには、建物の価値がないと認められたものは解体・撤去して差し支えない等とし、市町村が災害廃棄物処理事業を円滑に行えるような内容になっています。そのほか自動車、船舶、貴金属等の動産の扱い等について定めています。

災害廃棄物処理方針（マスタープラン）

このマスタープランは、処理の考え方として発生現場で可能な限り粗分別を行って混合廃棄物の量を減らすこととし、仮置き場で可燃物・不燃物・資源物・危険物等に分別して処理すること、再生利用できるものは再生利用すること、コンクリートくずは復興の資材等として被災地で活用すること、木くずは広域的に活用すること、自動車やテレビ等は可能な限りリサイクルすること等とされています。スケジュールとして災害廃棄物のうち住居近傍のものは2011年の8月までに、その他は2012年3月までに仮置き場に搬入すること、中間処理したのちの最終処分は腐敗性のあるものは速やかな処分を、その他は2014年3月までの処分を目途とされています。

コラム　　グリーンニューディール基金

グリーンニューディール基金は2009年度の補正予算で措置されました。リーマンショックに伴う景気対策として、地方での取組みも求められましたが、再生可能エネルギー等の温暖化対策はじめ廃棄物関係や海ごみ対策等の財源として、基金が各都道府県等に国と地方で造成されました。第一次補正で都道府県や政令指定都市、第二次補正では温暖化対策について中核市等も対象とされました。

3　放射性物質汚染対処特別措置法

ア　法律制定の経緯

東日本大震災では放射性物質汚染対処特別措置法（除染特措法）にも触れなければなりません。正式名称は「平成23年3月11日に発生した東北地方太平洋沖地震に伴う原子力発電所の事故により放出された放射性物質による環境の汚染への対処に関する特別措置法」といいます。

東日本大震災以前においては、放射性物質を扱う法律を含め放射性物

質が環境中に大量に飛散することは想定されていませんでしたが、東京電力福島第一原子力発電所では3月12日〜15日にかけて原子炉建屋で水素爆発が発生し、放射性物質が環境中に飛散してしまいました。福島県沿岸地域での地震や津波による災害廃棄物も放射性物質により汚染されました。廃棄物処理法では放射性物質によって汚染されたものは対象外でしたので、法の適用ができず、その処理に支障が生ずることになります。国会でも問題になりました。汚染された廃棄物の処理と汚染された地域の除染を行う仕組みを新たに作る必要があります。放射性物質汚染対処特別措置法が制定され、2011年8月30日に公布されています。

イ　法律の概要

　法律の目的は、放射性物質による環境の汚染への対処に関し、国等の講ずべき措置等について定め、環境汚染による人の健康又は生活環境への影響を速やかに低減する、とされています（除染特措法1条）。責務規定では国の責任が強調され、原子力政策を推進してきたことに伴う社会的責任を明記しています（除染特措法3条）。法律の内容は、廃棄物の処理と土壌等の除染を分けて書いてあり、基本的構造は同じです。まず、放射性物質による汚染レベルの高い地域では、住民は避難していますし役場も移転しています。東京電力福島第一原子力発電所周辺の2市9町村にかかる地域を汚染廃棄物対策地域（除染特措法11条、13条、15条）として国が直轄で災害廃棄物の処理を行うこととしています（土壌等の除染については同様の地域を除染特別地域として国が直轄で除染します）。それ以外の地域では自治体、具体的には市町村が災害廃棄物の処理（土壌等の除染）を行うことにしています。ただし、汚染レベルの高い一定の災害廃棄物（8,000Bq/kg超）については当該対策地域以外のものでも環境大臣が指定して国で処理することにしています。指定廃棄物といいます（除染特措法17

条、18条、19条)。8,000Bq/kgは処理するときに受ける追加の被ばく線量が1mSv以下 [注64] になるように設定された数値で、これ以下のレベルの廃棄物であれば一般の管理型処分場で処分できるとされています。廃棄物処理法では放射性物質に汚染されたものは適用除外とされていましたが、この法律により、今回の事故により放出された放射性物質によって汚染されたものは、基本的に廃棄物処理法の適用を受けることになります(除染特措法22条)(**図表12-1**)。

図表12-1　放射性物質汚染対処特別措置法の概要

汚染された廃棄物の処理	汚染土壌等(草木、工作物等)の除染
① 環境大臣は、廃棄物の特別管理が必要な地域(汚染廃棄物対策地域)を指定 ② 環境大臣は、①の地域内の廃棄物(対策地域内廃棄物)の処理計画を策定 ③ 環境大臣は、①の地域外の廃棄物であって一定の基準(8,000Bq/kg)を超えるものについて指定(指定廃棄物) ④ ①の対策地域内廃棄物、③の指定廃棄物(特定廃棄物)は国が処理 ⑤ ④以外の汚染レベルの低いものは廃棄物処理法の規定を適用(特定一般廃棄物、特定産業廃棄物) ⑥ 廃棄物の不法投棄等を禁止	① 環境大臣は、国が除染をする地域を指定(除染特別地域)(当初の警戒区域、計画的避難区域) ② 環境大臣は、①の地域における除染計画を策定し、国が除染を実施 ③ 環境大臣は、①の地域外で汚染状況により一定の地域(汚染状況重点調査地域)を指定 ④ 都道府県知事等は一定の区域について除染実施計画策定 ⑤ 国、都道府県、市町村は除染の実施 ⑥ 国による代行規定 ⑦ 汚染土壌の不法投棄の禁止

汚染廃棄物等の処理の推進

国は、地方公共団体の協力を得て、汚染廃棄物等の処理のために必要な施設の整備その他の放射性物質に汚染された廃棄物の処理及び除染等の措置等を適正に推進するために必要な措置を実施

費用の負担

○国は、汚染への対処に関する施策を推進するために必要な費用についての財政上の措置等を実施
○本法の措置は原子力損害賠償法による損害に係るものとして、関係原子力事業者の負担の下に実施
○国は、社会的責任に鑑み、地方公共団体等が講ずる本法に基づく措置の費用の支払いが関係原子力事業者により円滑に行われるよう、必要な措置を実施

環境省HPより著者作成

(注64) Bq(ベクレル)とSv(シーベルト)ですが、 Bqは、放射性物質を出す能力を表す単位で、Svは人体に対する影響を測る単位です。

　法律では汚染廃棄物対策地域内の廃棄物と指定廃棄物を「特定廃棄物」と定義し、汚染度合いが8,000Bq/kg超かどうかで分けて収集運搬・保管・処分の基準が定められています（除染特措法20条）。埋立処分については100,000Bq/kg以上の物についての基準も定められています。また、それ以外の廃棄物で汚染されている物については「特定一般廃棄物」「特定産業廃棄物」として、廃棄物処理法のそれぞれ一般廃棄物処理基準、産業廃棄物処理基準のほか規則で定める基準により処理することとされています。国が処理する対策地域内廃棄物と福島県内の指定廃棄物については、可燃物は焼却したうえで100,000Bq/kg以下のものは富岡町にある既存の管理型処分場で処分します。100,000Bq/kg超のものは中間貯蔵施設で保管することになります（**図表12－2**）。

図表12－2　対策地域内廃棄物と指定廃棄物

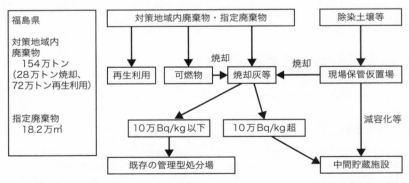

環境省HPより著者作成

　法律に基づく基本方針が2011年11月に示されています。その中で「指定廃棄物の処理は排出された都道府県内で行うこと」とされています。福島県内のものは既存の管理型処分場での処理が進んでいますが、そ

のほかの県の指定廃棄物については進んでいません。発生量の多い宮城県、栃木県、千葉県、茨城県、群馬県では国が確保する長期管理施設^{（注65）}で保管する計画でしたが、施設設置について地元の理解が得られていないからです。指定廃棄物は8,000Bq/kg超の放射性物質に汚染されたごみの焼却灰、上水発生土、下水道汚泥、稲わら、堆肥などですが、現在も基本的には廃棄物の発生した現場で保管されています。上記5県で25,000トンほどあります。ただし放射性物質による汚染はいわゆる半減期により汚染度は減衰しますので、10年後に8,000Bq/kg超のものは約6,000トンと推計されています。

　また、法律では特定廃棄物等の処理のために必要な施設整備など必要な措置を講ずることとしています（除染特措法53条）。その一つが福島県の双葉町と大熊町に建設される中間貯蔵施設です。この施設については特定廃棄物については100,000Bq/kg以上のものの中間貯蔵が行われることになっていますが、中間貯蔵・環境安全事業株式会社法3条において、国の責務として、中間貯蔵開始後30年以内に、福島県以外で最終処分を完了するために必要な措置を講ずるものとする、とされています。

　なお、この法律による措置については、原子力損害賠償法（原子力損害の賠償に関する法律）による事業者が賠償する責めに任ずべき損害に係るものとして、事業者の負担の下に実施される、とされています（除染特措法44条）。特定廃棄物は国が処理しますが、法律上のスキームは事業者負担が原則ですので、東京電力に求償することとなります。

　また、特定廃棄物については、廃棄物処理法の適用がないことから、この法律で不法投棄や焼却が禁止されています（除染特措法46条、47条）。

（注65） 長期管理施設については、宮城県、栃木県、千葉県について詳細調査候補地が環境省から公表されましたが、調査は進んでいません。また、茨城県、群馬県については現地保管を継続して段階的に処理する方針となっています。

除染特措法の処理基準

特定廃棄物の収集運搬、保管、処分基準では放射性物質により汚染された物を取り扱うことになりますので、特に8,000Bq/kg超の物には特別な基準が定められています（除染特措法施行規則23条〜26条）。例えば、収集運搬の運搬車について1m離れた位置における放射線量が最大値100μsv/h（1cm当量線量率）を超えないように放射線を遮蔽すること、保管について放射線遮蔽のために表面を土壌で覆うことや境界の放射線量を7日に1回測定することなどが定められています。また、焼却についても排ガスの放射性物質の濃度監視や境界での線量測定が求められています。特に埋立処分については100,000Bq/kg超の区分も設け、遮断型処分場での処分等が求められています。また、100,000Bq/kg以下のものでも管理型処分場での処分には廃棄物の固型化等の特別な処理が求められています。

また、特定廃棄物以外の廃棄物（特定一般廃棄物、特定産業廃棄物）でも放射性物質に汚染され、又は汚染されているおそれがありますので、廃棄物処理法の適用とともに特別な処理基準が設けられています（同規則28条〜31条）。例えば、焼却する場合の排ガス処理装置については排ガス中の放射性物質を除去する高度の機能を有する排ガス処理設備（ろ過式集じん方式の集じん器等）が求められています。

除染費用について

除染等の費用については、2016年12月20日の閣議決定「原子力災害からの福島復興の加速のための基本指針」で明らかにしています。この指針では、除染特措法に基づく除染（汚染廃棄物処理を含む）・中間貯蔵施設事業の費用は、復興予算として計上したうえで、事業実施後に、環境省等から東京電力に求償する、とされています。その中で東京電力の資金繰りについては、原子力損害賠償・廃炉等支援機構法に基づき、支援機構への交付国債の交付・償還により支援する、とし、除染費用については支援機構が保有する東京電力株式を中長期的に売却し、それにより生じる利益の国庫納付により回収を図る、とされています。また、中間貯蔵施設費用相当分についてはエネルギー施策の中で確保した財源で支援機構に資金交付を行う、としています。

4 2015年改正による災害廃棄物処理のポイント

　災害廃棄物の処理については、東日本大震災までは廃棄物処理法での「災害」の規定は基本的に財政支援の規定にとどまり、市町村の処理を原則としつつ予算上又は事実上の国の支援によりその迅速な処理に努めてきたと言えます。しかし、東日本大震災における災害廃棄物処理の教訓を踏まえ、災害が生じてからの後追い的な対応では復興にも遅れが生ずるのではないか、平時からの備えが必要ではないか、との議論もあり、廃棄物処理法と災害対策基本法の改正が行われています。

　東日本大震災を踏まえた災害対策基本法の法制上の課題については、緊急を要する事項は2012年に改正されましたが、さらに検討するべき課題として2013年にも改正が行われ、廃棄物処理の特例が設けられています。具体的には、東日本大震災級の激甚な非常災害が発生した場合に、廃棄物処理を迅速に行わなければならない地域を廃棄物処理特例地域として指定し、当該地域については特例的な処理基準や委託基準を設けるというものです。

　しかしながら、こうした改正のみでは事前の備えという観点からの対応が不十分ではないかということで2015年に再び災害対策基本法や廃棄物処理法を改正しています。具体的には、災害廃棄物の処理の基本的考え方として、適正処理と再生利用、円滑・迅速な処理、発災前からの備えということを前提に、廃棄物処理法においては、非常災害により生じた廃棄物の処理原則を定め（法2条の3）、国・都道府県・市町村・民間事業者の責務として、その処理にあたっての役割分担・連携・協力について規定しています（法4条の2）。そのうえで災害廃棄物についても国の基本方針や都道府県の処理計画に位置付け、事前の備えを実施することとし（法5条の2、5条の5）、災害時の円滑・

迅速な処理のための処理施設の新設や柔軟な活用のための手続きを簡素化しています。一方、災害対策基本法においては、特定の大規模災害が発生した場合には、環境大臣が災害廃棄物処理に係る指針を策定することとし、東日本大震災時では特別措置法で認めていた災害廃棄物処理の国の代行措置も設けられています。代行できるのは、市町村の処理の実施体制、処理についての専門的な知識・技術の必要性、広域的な処理の重要性を勘案して、市町村の要請に基づきその必要があると認めたときとなっています（災害対策基本法86条の5）。

より深く…

災害時の処理施設設置に関する特例

　災害廃棄物の迅速な処理のためには一刻も早い一般廃棄物処理施設の整備が必要です。そこで一般廃棄物処理施設の設置についての特例措置が定められています。具体的には、市町村設置の一般廃棄物処理施設について市町村の処理計画で規定され、事前に都道府県が同意していた場合には、平時では必要な技術基準の確認期間を省略するものとし、また、市町村から災害廃棄物処理の委託を受けた事業者についても施設設置の許可手続きに代え届出で足りるものとしています（法9条の3の2、9条の3の3）。また、産業廃棄物処理施設を活用する場合の届出も事後で構わないものとしています（法15条の2の5）。

第 **13** 章

Chapter 13

リサイクルの推進

1　循環型社会形成への取組み

　循環型社会への最初の取組みは1991年の廃棄物処理法の改正です。その目的に廃棄物の排出抑制と分別再生が規定され、廃棄物の処理についてリサイクルの考え方が導入されます。再生資源利用促進法も新たに制定されます。当時廃棄物処理施設の立地が困難となる中、行き場のない廃棄物の不法投棄も増えていましたので、廃棄物となるものの量を減らすこと、廃棄物の排出抑制のみならずリサイクルの推進が社会的に大きな課題とされました。いわゆる「大量生産、大量消費、大量廃棄」型の経済社会から脱却し、「循環型社会」を形成することです。

　個別のリサイクル法として容器包装が1995年に、家電が1998年に制定されます。しかし、静脈側の物の廃棄・処分については廃棄物処理法、動脈側の製造・流通については再生資源利用促進法ということになると一貫したリサイクルにつながらない、静脈側と動脈側を分断しているように見えます。循環型社会への取組みは、個別のリサイクル対策のみならず動脈側、静脈側を含め総合的かつ計画的に対応できるように基本的考え方を整理して進められることが望まれました。循環型社会形成推進基本法（循環基本法）が2000年に制定されます。この年はリサイクル元年とも言います。この年に、建設廃棄物や食品廃棄物のリサイクル法、リサイクル品の利用を進めるためのグリーン購入法（国等による環境物品等の調達の推進等に関する法律）が制定されます。廃棄物処理法と再生資源利用促進法も改正されます。各種リサイクル法と相まって循環型社会形成に向けた様々な取組みが進められていくことになります。

江戸時代のリサイクル

　江戸時代の人口は3,000万人程度でしたが、鎖国政策の中で海外との貿易は大変限られていました。いわば国内では自給自足の体制で、ごみも有用な物は様々に活用されていました。今でいうリサイクルです。住民から集められた灰は、酒造りの麹造り、製紙、染色、陶器の釉薬等に活用されていました。稲わらは、堆肥とするほか、日用品としてわら草履、わらじ、背中あて、蓑等として活用され、使用後は燃料とし、残った灰は肥料として近隣の農家で使われていました。物をすぐに捨てないで大切に使っていました。焼き物が割れたときに修繕する「焼き継ぎ」という職人がいたほか、ろうそくの溶け残りを集め商売ができたと言います。江戸時代の包装材は竹の皮です。いらなくなれば自然に還元できるものです。現代の容器包装がリサイクル、処理に多くの費用をかけている様相とは異なります。

グリーン購入法

　リサイクル品の利用を促進するために2000年に制定された法律です。この法律は、消費者側が製品やサービスを購入するときにリサイクル品に限らず環境にやさしいものを選択するなど、消費者行動に環境配慮を組み込もう、環境負荷の少ない持続可能な社会を構築していこうとするものです。そのため、国に基本方針の策定を求め、国や独立行政法人等については物品等の調達にあたっては環境物品を選択するよう努めなければならないとしたものです。義務付け対象が国等の機関に限られた法律ですので、その社会的広がりについての心配もありましたが、法律の施行に伴い、民間への義務付けはなくとも各主体の経済活動に大きな影響を与え社会の変革に資したと言われています。

2 循環型社会形成推進基本法

ア 目指すべき「循環型社会」

　法律では、「循環型社会」とは、天然資源の消費を抑制し、環境への負荷ができる限り低減される社会とされています（循環基本法2条1項）。そのために、①廃棄物等の発生抑制、②循環資源の循環的な利用、③適正な処分の確保を求めています。対象となる物も有価、無価を問わず「廃棄物等」とし、廃棄物等のうち有用なものを「循環資源」と位置付け（循環基本法2条2項）、その循環的な利用を推進することを定めています。

　また、循環型社会形成へ向けての基本的な考えを明示するとともに、処理の優先順位を定め（循環基本法5条〜7条）、国、地方公共団体、事業者、国民が全体で取り組んでいくためのこれらの主体の責務を明確にしています（循環基本法9条〜12条）。そして、循環型社会形成推進基本計画について定め（循環基本法15条）、国、地方公共団体の基本的施策を定めています（循環基本法17条以下）。

イ 基本原則

　はじめに、循環型社会の形成は、①持続的に発展することができる社会の実現が推進されることを旨とし、②各主体の適切な役割分担の下に行われることが述べられています（循環基本法3条、4条）。そして、ⅰ）原材料の効率的な利用、製品の長期的使用による廃棄物となることの抑制、ⅱ）循環資源の循環的な利用と適正な利用・処分、ⅲ）循環資源の循環的な利用・処分の基本原則を定めています（循環基本法5条〜7条）。基本原則として、技術的経済的に可能な範囲でという断りはありますが、優先順位による利用と処分、すなわち、①再使用できるものは再使用、②再使用されないもので再生利用できるものは再

生利用、③再使用・再生利用されないもので熱回収できるものは熱回収、④循環利用が行われないものは処分、とされています。つまり、環境負荷の小さい順に処理することを基本原則とし、社会全体としての環境負荷を低減しようということです。発生抑制、再使用、再生利用、熱回収、適正処理の順です（**図表13−1**）。

図表13−1　循環資源の利用・処分の基本原則

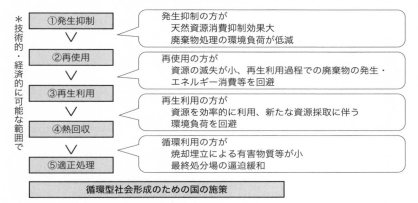

環境省HPより著者作成

ウ　拡大生産者責任

　循環型社会形成推進基本法では、環境基本法で拡大された事業者責任の考え方をさらに拡充し、いわゆる「拡大生産者責任」を規定したものとされています。具体的には、事業者の責任の面（循環基本法11条）からと国の施策の面（循環基本法18条以下）から述べられています。事業者の責任として、①廃棄抑制のための容器等の耐久性向上や循環的利用の容易化のための設計・材質の工夫（循環基本法11条2項、20条1項）、②使用済製品の回収ルートの整備と循環的な利用の実施（循環基本法11条3項、18条3項）、③製品に関する情報提供（循環基本法20条2項）が定められています。そして、その対象となるものは、①処分の技術上の困難性や循環的な利用の可能性等を勘案し、②関係者

における適切な役割分担の下に、③製品に係る設計、原材料の選択、製品の収集等の観点からその事業者の果たすべき役割が重要であると認められるもの（循環基本法18条3項）、とされています。

　廃棄物処理法における一般廃棄物については市町村処理の原則がありますが、循環型社会形成推進基本法により、一定の物については一般廃棄物であっても事業者の責務として循環的利用が求められています。その点が「日本型拡大生産者責任」を定めたといわれる所以です。

エ　循環型社会形成推進基本計画

　2003年3月に第1次循環型社会形成推進基本計画が定められています。第1次計画では、大量生産、大量消費、大量廃棄の経済社会活動によって様々な環境問題が生じてきたとし、「循環型社会のイメージ」を示しています。また、2010年度を目標年次として、循環型社会の達成度合いを把握するために物質フローに関する目標も示しています。具体的には①「入口」は「資源生産性」（GDPを天然資源等投入量で除した値）、②「循環」は「循環利用率」（循環利用量を循環利用量＋天然資源等投入量の合計で除した値）、③「出口」は「最終処分量」（廃棄物の埋立量）です。2008年3月に第2次計画が定められています。この計画では世界的な資源制約等への対応から、国際的にも循環型社会の形成を一層推進する必要があるとして、循環型社会の中長期的なイメージを描くとともに数値目標を掲げて取り組むこととしています。2013年5月の第3次計画では、循環の質にも着目し、リサイクルに比べ取組みが遅れているリデュース・リユースの取組みを強化することとしています。2018年6月の第4次計画では、持続可能な社会づくりへの環境・経済・社会の統合的な取組みや地域循環共生圏形成による地域の活性化等に重点を置いています。この計画では循環利用率について入口側と出口側に分けた数値目標を示しています。従来の循環利用率は入口側ですが、出口側の循環利用率は循環利用量を廃棄

物等発生量で除した数値としています。

　なお、数値目標は2000年時点の数値との比較ですが、2025年目標は資源生産性約49万円／トン（約2倍）、入口側の循環利用率約18%（約1.8倍）、出口側の循環利用率約47%（約1.3倍）、最終処分量約1,300万トン（約77%減）とされています。

オ　循環型社会を形成するための法体系

　循環型社会形成推進基本法が成立し、廃棄物処理とリサイクルを通じた基本的な考えを共有した体系ができあがりました。それまで、廃棄物処理とリサイクルに関して廃棄物処理法と再生資源利用促進法で個別に対応していましたが、共通の考え方で整理したということです。個別品目ごとに各種リサイクル法も制定されます。1995年制定の容器包装リサイクル法、1998年の家電リサイクル法、2000年の建設リサイクル法、食品リサイクル法とグリーン購入法、2002年の自動車リサイクル法、2012年の小型家電リサイクル法、2018年の船舶リサイクル法、2021年のプラスチック資源循環促進法です（**図表13－2**）。

図表13－2　循環型社会を形成するための体系

環境基本法　環境基本計画

循環型社会形成推進基本法　循環型社会形成推進基本計画

廃棄物処理法 　廃棄物の発生抑制 　廃棄物の適正処理 　廃棄物の処理施設の設置規制 　廃棄物処理基準の設定等	資源有効利用促進法 　再生資源のリサイクル 　リサイクル容易な設計・材質等の工夫 　分別回収のための表示 　副産物の有効利用の促進

容器包装 リサイクル法	家電 リサイクル法	食品 リサイクル法	自動車 リサイクル法	建設 リサイクル法

小型家電 リサイクル法	船舶 リサイクル法

グリーン購入法 （国が率先して再生品等の調達を推進）	プラスチック 資源循環促進法

環境省HPより著者作成

③ 資源リサイクル

　1991年に制定された再生資源利用促進法が2000年に全面改正され、資源有効利用促進法（資源の有効な利用の促進に関する法律）となります。目的は、資源の有効な利用の確保と使用済物品・副産物の発生抑制、再生資源・再生部品の利用促進を図ることです。いわゆるリデュース・リユース・リサイクル対策、3R対策の総合的な推進です。この法律では、使用済物品や工場等で発生する副産物のうち原材料など有用な資源として利用できるものを「再生資源」と呼び、使用済物品のうち部品等製品の一部として利用できるものを「再生部品」と呼んでいます（資源有効利用促進法2条）。

　法律では、3R対策など資源の有効な利用を推進するための基本方針を定め（資源有効利用促進法3条）、そのうえで製品の製造段階における3R対策、設計段階における3Rへの配慮、分別回収のための識別表示、製造業者による自主回収・リサイクルシステムの構築等が規定されています。10業種、69品目について、おおむね一般廃棄物や産業廃棄物の5割をカバーしていますが、事業者の取り組むべき3Rの内容を「判断の基準」として定め、各事業者において取組みを行うことを求めています。取組みを進めるために、指導、助言ができるようにし、一定以上の生産者については勧告、公表、命令もできます。命令違反には罰則もありますが、基本的には事業者の自主的な努力により推進していこうとするものです。また、関係者の責務としては、①事業者には、使用済物品等の発生抑制のための原材料の使用の合理化、再生資源・再生部品の利用や使用済物品や副産物の再生資源・再生部品としての利用促進が、②消費者には、製品の長期間使用、再生資源を用いた製品の利用、分別回収への協力等が、③国や地方公共団体には資金の確保、物品調達における再生資源の利用促進等が定めら

れています（資源有効利用促進法4条〜9条）。

　環境配慮対応を経済システムに取り込み、その効果を社会全体で発揮していくため、環境配慮設計に関する表示方法や評価指標等についての統一化が試みられています。製品のライフサイクル、原材料の調達から製品の製造、消費、廃棄時において活用できるようにということです。製造段階と消費された後の分別・回収段階に分け、製造段階では製品対策と事業場における副産物対策です（**図表13−3**）。

図表13−3　資源有効利用促進法の仕組み

製品対策	（製造）⟶	（消費）⟶	（リユース・リサイクル）
③特定再利用業種 （再生資源・再生部品の利用） （紙製造業、建設業等、複写機）	①指定省資源化製品 （長寿命化等による発生抑制） （自動車、家電、パソコン等）		⑥指定再資源化製品 （自主回収の確保） （小形二次電池等）
	②指定再利用促進製品 （易解体性等による再生部品等の利用） （自動車、家電、パソコン等）		⑦指定表示製品 （分別回収のための表示） （スチール缶、アルミ缶 ペットボトル等）
副産物対策			
④特定省資源業種 （副産物の発生抑制等） （紙製造業、製鉄業等、 自動車製造業）	⑤指定副産物 （副産物の利用） （建設のコンクリート塊等）		

経済産業省HPより著者作成

　まず、製造段階の製品対策です。①指定省資源化製品として19品目（パソコン、自動車、家電、金属製家具、ガス石油機器等）を指定し、軽量化、小型化、長寿命化、修理の機会等が定められ、リデュースに資することとしています（資源有効利用促進法18条）。②指定再利用促進製品として50品目（パソコン、自動車、家電、金属製家具、ガス石油機器、複写機、システムキッチン、小形二次電池使用機器等）を指定し、リユース・リサイクルに資するよう、原材料の工夫、分別のための工夫等が定められています（資源有効利用促進法21条）。③特定再利用業種として5業種（紙製造業、ガラス容器製造業、建設業、

硬質塩ビ製の管・管継手製造業、複写機製造業）を指定し、再生部品や再生資源等の利用目標等を定めることとしています（資源有効利用促進法15条）。

製造段階の次は副産物対策です。④特定省資源業種として5業種（パルプ・紙製造業、無機有機化学工業製品製造業、製鉄業・製鋼業・製鋼圧延業、銅第一次製錬・精製業、自動車製造業）を指定し、原材料使用の合理化による副産物の発生抑制や副産物の再生資源としての利用促進等を定めています（資源有効利用促進法10条）。⑤指定副産物として2品目（電気業の石炭灰、建設業の土砂・コンクリート塊・木材等）を指定し、副産物のリサイクルを定めています（資源有効利用促進法34条）。

次に分別・回収段階です。⑥指定再資源化製品として2品目（パソコン、小形二次電池）を指定し、自主回収の実施方法、再資源化の目標等を定めています（資源有効利用促進法26条）。⑦指定表示製品として7品目（スチール・アルミ缶、ペットボトル、紙製・プラスチック製容器包装、小形二次電池、塩ビ製建材等）を指定し、分別回収のための表示を求めています（資源有効利用促進法24条）。

④ 容器包装リサイクル

一般廃棄物の処理は市町村が総括的な責任を負っています。しかし、その排出量が増大する一方で、焼却施設や最終処分場の立地が周辺住民の反対等で困難になり、リサイクルもほとんど行われていないという状況が続いていました。一般廃棄物中、容積で6割近くを占める容器包装をターゲットに1995年に容器包装リサイクル法（容器包装に係る分別収集及び再商品化の促進等に関する法律、いわゆる「容リ法」）が制定されます。市町村が全面的に責任を負っていたこれまでの制度を改め、メーカー側にも一定の責任を負わせるものです。

　消費者、市町村、事業者がそれぞれの役割分担の下、リサイクルする制度を構築しました。具体的には容器包装廃棄物については消費者が分別排出し、市町村が分別収集し、事業者が再商品化（リサイクル）するというものです。事業者側は、原則として指定法人である日本容器包装リサイクル協会に再商品化の費用を支払い、協会は市町村と引取契約を結んで再商品化を実施し、再商品化製品をその利用事業者に販売するということになります^(注66)。再商品化ですが、プラスチックであればフレークやペレットに加工し、シートや繊維製品の原料になります（**図表13－4**）。

図表13－4　容器包装リサイクル法の仕組み

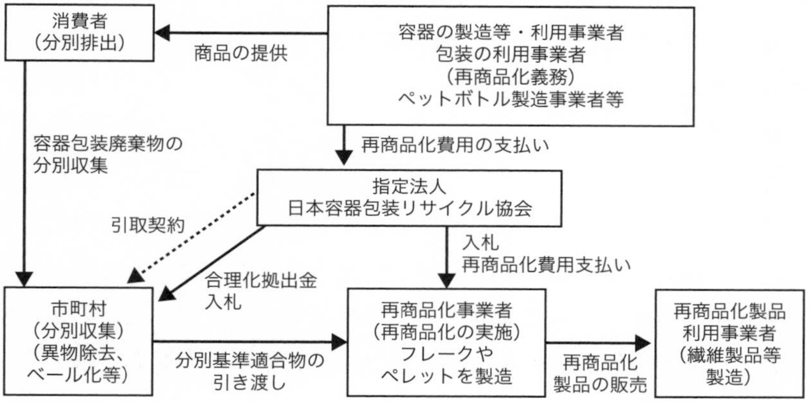

環境省HPより著者作成

ア　容器包装リサイクル法の概要

　法律では、容器包装とは、商品が費消された場合や商品と分離された場合に不要になるものと定義しています（容リ法2条）。そして、

（注66） 事業者が再商品化の義務を果たすルートですが、法では指定法人経由以外にも販売店から直接回収する自主回収ルート、独自に再商品化業者に委託する独自ルートも定められています（容リ法15条、18条）

再商品化の対象となるものは、容器包装のうち家庭から排出される一定の容器包装で、分別収集され、ある程度の量があって他の素材が混入又は付着してないなど一定の要件の下に保管されている物です。特定分別基準適合物と言います。ガラス製容器、紙製容器包装、ペットボトル、プラスチック製容器包装（レジ袋、トレー）です。スチール缶、アルミ缶、段ボール、飲料用紙製容器は、法律以前から有償で取り引きされていたこともあり、また、分別されれば容易に資源となることから、適用除外とされています。容器や包装に該当するかどうかについては、悩ましい例があります。ペットボトルのふたやコンビニ弁当に使われるプラスチックフィルムは対象になりますが、クリーニングの袋や宅急便の容器は中身が商品ではなく役務なので対象になりません。郵便物の封筒も中身が商品ではありません。CDケース、日本人形のガラスケースも分離された場合に不要になるものではないので対象になりません。

　容器や包装の利用事業者、容器の製造事業者は、特定分別基準適合物について再商品化する義務を負います。それぞれ特定容器利用事業者、特定包装利用事業者、特定容器製造等事業者と言います。容器包装を利用する食品・医薬品等の中身を製造する事業者、容器の製造事業者、小売や卸等商品の販売に容器包装を利用する事業者、輸入業者等です。一般にスーパー等の小売店で販売しているペットボトルについては飲料メーカーが容器利用事業者になりますが、食材のトレー等はそこではじめて使われますので、小売店自体が容器利用事業者になります。包装製造事業者を対象外としていますが、容器はその形状の決め方など容器としての利用を前提にして製造されるのに対し、包装は必ずしもそういう関係にない、包装用紙は様々な用途に使われることが考慮されたものです（容リ法11条〜13条）。

　再商品化のための費用については事業者側が負担しますが、その責

任比率について争われた事例があります。いわゆる「ライフ事件」です（東京地判平成20年5月21日）。事業者側の負担は容器の利用事業者と製造事業者で分担していますが、販売額をもとに算出しています。利用事業者の販売額はその商品を含めた販売額であり、製造事業者の販売額はその容器の販売額ですので、利用事業者の割合が極めて高くなっています。原告は、製造事業者の方が容器製造の選択権を有し、製品設計等により環境負荷低減が可能であるとして利用事業者の負担割合が大きいのは汚染者負担原則に反するとして訴えました。裁判所は利用事業者には容器を利用するかどうかの最終的な選択権があり、負担割合についても合理性があるとして請求を退けています。

特定分別基準適合物

　事業者が再商品化するには容器包装廃棄物の中でも再商品化しやすい要件が定められています。分別基準適合物といい、「容器包装廃棄物の分別収集に関する省令」で定められています。例えば、ガラス製容器であれば、一定程度の分量が収集されていること、原材料として他の素材を利用したものが混入していないこと、容器包装以外の物が付着し・混入していないこと、洗浄されていること、無色・茶色・その他に区別されていること、ガラス製のふた以外のふたが除去されていること、結晶化ガラス製の物が混入していないこと、が定められています。そして、再商品化の対象となる特定分別基準適合物については容器包装の区分ごと、ガラス製容器、紙製容器包装（段ボールや飲料用を除く）、ペットボトル、プラスチック製容器包装の区分ごとにそれぞれの分別基準適合物と定められています（容リ法施行規則4条）。

イ　2006年の見直し

　容器包装リサイクル法の施行により、ペットボトル等の再商品化が進み、事業者による容器の軽量化やリサイクルしやすい設計・素材の

選択等の努力が行われています。容器包装廃棄物の減量化に一定の効果がありました。しかし、レジ袋は増大する一方でしたし、紙製容器包装については取り組んでいる市町村は2割程度で進んでいません。さらに、市町村側から、分別収集に多額の費用がかかることから事業者の負担をさらに求める意見も多くありました。2006年に容器包装リサイクル法の見直しが行われ、新たに①排出抑制を促進するための制度、②事業者側から市町村に資金を拠出する仕組みが創設されました。

　まず①排出抑制を促進する仕組みです。レジ袋対策という観点もあり一定の小売り事業者を指定容器包装利用事業者(飲食料品、医薬品・化粧品、家具・機械器具、自動車部品、書籍、玩具・楽器などの小売業者）として指定し、「容器包装の使用の合理化の判断の基準」を示す等により排出抑制を求めています。レジ袋の有料化が2020年7月からスタートしていますが、この「判断の基準」が改正されています。事業者に対する指導・助言、容器包装多量利用事業者（利用量50トン以上）に対する勧告・公表・命令制度も創設されています。容器包装多量利用事業者は利用量や使用原単位等を毎年度報告しなければなりません。なお、この時の改正で容器包装廃棄物排出抑制推進員制度も設けられています（容リ法7条の2〜7条の7）。

　②市町村への資金拠出ですが、リサイクルの効率化や社会的コストの低減を図る目的で導入された制度です。具体的には、リサイクルに見込まれている費用総額の想定額からリサイクルした実績額を控除し、その差額を「費用効率化分」とし、その2分の1を市町村による貢献分として「合理化拠出金」として事業者側から市町村側に支払うというものです。質のよい分別が市民あげて行われれば、社会全体のコストを低減できるということでとられた措置です（容リ法10条の2）。

　容器包装リサイクル制度は、これまで市町村責任の下で処理されてきた一般廃棄物である容器包装について、事業者にも一定の責任を負

わせるものです。拡大生産者責任を一般廃棄物処理に取り入れたという意味で画期的な制度と評価できます。2006年改正で導入された排出抑制措置等も、レジ袋対策の契機となりました。ただし、合理化拠出金制度は分別収集にも事業者側に一定の責任を負ってもらうという点で評価できますが、市町村の分別収集にかかる経費が必ずしも明らかでない点もあり、不十分ではないかとの意見もあるところです。

> **より深く…**
>
> ### レジ袋の有料化
>
> 　レジ袋対策として、これまで、事業者が取り組むべき「容器包装の使用の合理化の判断の基準」では、レジ袋の有償化を含め、ポイントの付与、再利用可能な買い物袋の利用、レジ袋使用の消費者への確認等の方法によりレジ袋廃棄物の排出抑制を促進する、とされていました。2019年12月にこの「判断の基準」が改正され、一定のレジ袋については2020年7月からその有料化が義務付けられました。具体的には、プラスチック製買い物袋で、持ち手のない物・繰り返し使用が可能なもの（厚手50μm以上）・海洋で分解するもの・バイオマス割合が25％以上の物は除かれますが、その他の物は有償で提供することとされました（小売業に属する事業を行う者の容器包装の使用の合理化による容器包装廃棄物の排出の抑制の促進に関する判断の基準となるべき事項を定める省令）。対象となるレジ袋以外のものについてはこれまでと同じ取り組みが求められています。

⑤ 家電リサイクル

　1998年に家電リサイクル法（特定家庭用機器再商品化法）が制定されています。これは、家庭から排出される使用済みの家電製品について消費者、小売業者、製造事業者の役割分担を明確にし、家電廃棄物についての再商品化（リサイクル）を行う制度を構築しようとする

ものです。具体的にはエアコン、テレビ（ブラウン管、液晶、プラズマ）、冷蔵庫、冷凍庫、洗濯機、衣類乾燥機で廃棄物になったものを特定家庭用機器廃棄物（家電リサイクル法2条、同令1条）として対象としています（**図表13－5**）。

図表13－5　家電リサイクル法の仕組み

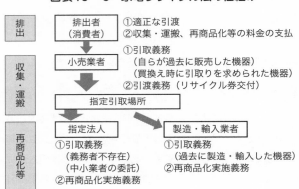

環境省資料より著者作成

　これらの製品の使用者、消費者は特定家庭用機器廃棄物の排出者としてリサイクル料金を支払います（家電リサイクル法19条）。製品の販売者、小売業者は過去に自ら販売した製品や買い替えの際に消費者から引き取りを求められた製品について引き取り、製造事業者や輸入業者等へ引き渡します（家電リサイクル法9条、10条）。製品の製造業者や輸入業者は自ら過去に製造・輸入した製品を引き取り、それを再商品化します（家電リサイクル法17条、18条）。具体的には廃棄された製品から部品や材料を分離し、新たな製品の部品や原材料として自ら再利用したり再利用する者に譲渡したりします。燃料として熱回収することも含まれます。製造事業者等が中小企業である場合や不在の場合には指定法人が再商品化を実施することになります。再商品化の基準としては、エアコンであれば80%、ブラウン管テレビ55%、液晶・

プラズマテレビ74%、冷蔵庫や冷凍庫70%、洗濯機・衣類乾燥機82%等再商品化率が定められています（家電リサイクル法22条、同令3条）。なお、家電リサイクルの円滑な処理のために廃棄物処理法の特例が設けられています。例えば、小売業者や指定法人等が収集運搬する場合に廃棄物処理業の許可を不要とする、再商品化に必要な行為については処理業の許可なくできる、小売業者からの収集運搬について一般廃棄物か産業廃棄物のどちらかの処理業の許可があればそれぞれを扱うことができる、というものです（家電リサイクル法49条、50条）。

　家電リサイクル制度の料金負担は「後払い」、排出時ということになっています。これは①すでに販売されている製品への対応が容易であること、②将来のリサイクル料金が製品の購入時には不明であること、③排出抑制の効果が期待できること等から採用されています。「後払い」ですとリサイクル料金を支払わないで不法投棄が増えるのではないか、リサイクル料金だけを得て実際にはリサイクルしない違法な事業者が増えるのではないか、と懸念されました。しかし、「前払い」方式にも問題点等があり、また懸念された不法投棄等への影響もそれほどでもない状況から、支払い方式については当面現状のままとして将来の課題となっています。

> **より深く…**

支払い方式の検討

　支払い方式については、家電リサイクル制度の見直し時に中央環境審議会で議論されています。主に現行の「後払い」を「前払い」にする場合の課題等についてです。「前払い」製品の購入時に費用負担する方式には、メリットとして①製造事業者側に設計の工夫等リサイクル費用を低減させるインセンティブが働く、②費用負担の公平化が図られ料金回収がしやすい、という点はあるものの、デメリットとして①徴収したリサイクル料金を個々の製品

ごとに管理し将来のリサイクル費用に充当する方式では、将来のリサイクル費用の予測が困難で、個々の家電を管理する仕組みが必要になること、②徴収したリサイクル料金を現時点の廃棄家電のリサイクル費用に充当する方式では、環境配慮設計等の前払いの利点が失われ、排出と負担との関係が不明になること等があげられています。

6 建設リサイクル

建設リサイクルについてはいわゆるリサイクル元年である2000年に建設リサイクル法（建設工事に係る資材の再資源化等に関する法律）が制定されています。これは解体工事等から排出される建設資材廃棄物を分別、再資源化しようとするものです。対象の工事は床面積80㎡以上の建築物の解体工事、500㎡以上の新築増築工事となっていますが、請負代金が1億円以上の新築工事等や請負代金が500万円以上の建築物以外の解体工事・新築工事等も対象です（建設リサイクル法9条、同令2条）。

対象となる建設工事について、発注者が分別解体等の計画書を届出て、受注者が分別解体等を実施し、リサイクルの対象となる資材について再資源化することになっています（建設リサイクル法10条、16条）。例えば、木材から木質ボードへ、コンクリートから路盤材へなどです。対象となる特定建築資材とは再資源化に有用なコンクリート、アスファルト・コンクリート、木材、コンクリートと鉄からなる建設資材とされています（建設リサイクル法2条、同令1条）。

コンクリート塊やアスファルト・コンクリート塊はすでに98%程度の再資源化率になっていますが、木材については80%の再資源化率に止まっています。

7 食品リサイクル

　食品リサイクルについても2000年に食品リサイクル法（食品循環資源の再生利用等の促進に関する法律）が制定されています。食品関連事業者から排出される食品廃棄物について、発生抑制と減量化を図り、肥料や飼料としてのリサイクルをしようとするものです。対象となる食品廃棄物等（食品リサイクル法2条）は、①食品が食用に供された後に又は食用に供されず廃棄されたもの、いわゆる食品の流通段階や消費段階での売れ残りや食べ残し、②食品の製造、加工、調理の過程において副次的に得られた物品のうち食用に供することができないもの、動植物性残さなどで、家庭から排出される生ごみは除かれます。

　食品関連事業者の取り組むべき事項が法律で定められていますが、対象となる食品関連事業者として、食品の製造、加工、卸売、小売を業として行う者（例えば、食品メーカー、八百屋、百貨店、スーパー等）と飲食店業等食事の提供を行う者（食堂、レストラン、ホテル、旅館、結婚式場、旅客船舶等）が定められています。また、食品関連事業者は食品廃棄物等について業種ごとの再生利用の実施率を達成することを目標としています。実施率は2019年の基本方針で食品製造業95％、食品小売業60％、食品卸売業75％、外食産業50％とされています。再生利用には肥料や飼料のみならず石鹸等の油脂製品、燃料として利用するメタン、エタノール等も含まれます（食品リサイクル法2条、7条）。食品廃棄物等の発生量が年間100トン以上の多量発生事業者は食品廃棄物の量や再生利用の状況について毎年度定期報告することとなっています。なお、多量発生事業者の判定にはフランチャイズチェーン事業の各加盟社の発生量を含めて判定することになっています（食品リサイクル法9条、同令4条）。

　なお、再生利用を円滑に行うためには広域的な再生利用の実施が不

可欠です。リサイクル事業者であっても食品廃棄物が廃棄物処理法上の廃棄物であれば様々な手続きが必要になります。そこで法律では、①大臣登録を受けた再生利用事業者（リサイクル事業者）が事業場に持ち込む場合の荷卸し地の運搬業の許可を不要とする、②大臣認定を受けた再生利用計画による収集運搬については収集運搬業の許可を不要とする、などの特例が設けられています（食品リサイクル法11条、19条、21条）。特に②については、リサイクル事業者がいくつかの市町村の食品関連事業者の店舗から食品廃棄物を収集する場合に、それぞれの市町村で必要であった許可がいらなくなりますので、リサイクルのさらなる促進が期待されます。

なお、再生利用事業者による不適正転売事件（**第6章②イ**【「排出事業者責任に基づく措置に係るチェックリスト」】（89〜90ページ）参照）を受け、食品リサイクル法関係でも食品関連業者が取り組むべき「判断の基準」を改正して、委託先による不正転売等を防止するための措置等が定められました。

> **より深く…**
>
> ### 「判断の基準」の改正
>
> 「判断の基準」では食品廃棄物の性状等から食用に供されるものとして誤認されるおそれがある場合には適切な措置を講ずることとされ、処分委託する場合には商品とならないような措置をとったうえで委託することが求められています。パッケージを裁断することなどです。また、委託先の飼肥料等の製造等の実施状況を定期的に把握し基準に従ってないような場合には委託先を変更する等の措置を求めています（食品循環資源の再生利用等の促進に関する食品関連事業者の判断の基準となるべき事項を定める省令）。

8 自動車リサイクル

　自動車リサイクルについては2002年に自動車リサイクル法（使用済自動車の再資源化等に関する法律）が制定されています。使用済自動車に係る廃棄物の減量、再生資源・再生部品の利用促進を図ろうというものです。使用済自動車については金属等有用な資源が多くあるため従来は解体業者等により市場を通じたリサイクルが行われてきました。しかし、シュレッダーダストをはじめ最終処分するものも増加し、製造業者を中心として関係者の役割分担を定めたリサイクル制度が求められていました。2001年のフロン回収破壊法も後押しとなっています。

　フロン類、エアバッグ類、シュレッダーダストの3品目についてリサイクル等が行われます。自動車所有者は、中古で売るのではなく廃車にするときには引取業者に引き渡します。引取業者はそれをフロン類回収業者又は解体業者に引き渡します。フロン類回収業者はフロン類を回収し、回収フロン類を自動車メーカー・輸入業者に引き渡します。解体業者はエアバッグ類を回収し、回収エアバッグ類を自動車メーカー・輸入業者に引き渡します。破砕業者は解体自動車を破砕し、シュレッダーダストを自動車メーカー・輸入業者に引き渡します（自動車リサイクル法8条～18条）。自動車メーカー・輸入業者はシュレッダーダスト、エアバッグ類、フロン類のリサイクル等（フロン類は破壊）を行います（自動車リサイクル法25条、26条）（**図表13－6**））。

　リサイクル費用については、家電とは異なり新車の購入時に自動車所有者が支払うことになっています。支払っていない車両の所有者は廃車日までに支払います。通常は車検時です。リサイクル料金はシュレッダーダストの発生量、フロン類の充填量、エアバッグ類の個数等を踏まえ自動車メーカーや輸入業者が自動車1台毎に設定します。集

図表13－6　自動車リサイクル法の仕組み

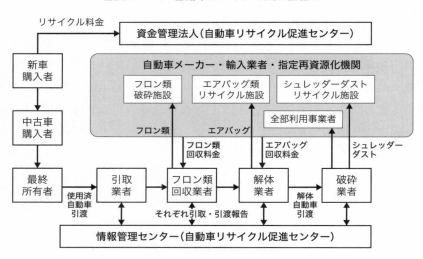

環境省資料より著者作成

められたリサイクル料金は指定法人で管理することになっていますが、約10年分の料金が滞留し、廃車して輸出した場合等には余剰金も生ずることから、ユーザー負担のリサイクル料金がその車のリサイクルに充当されていないのでは、等の議論のあるところです。しかし、一方ではそうした余剰資金が不法投棄対策や離島対策等に活用されています。いずれにしても法施行後の不法投棄件数が減少しており、制度が有効に機能していると評価できます。

　製造業者や輸入業者にリサイクルを義務付けたことから拡大生産者責任の具体化の一つと評価できますが、リサイクル対象が3品目に限られており、さらに費用は全面的にユーザー負担ということから拡大生産者責任の観点からの議論もあります。

⑨ 小型家電リサイクル

　使用済小型家電、携帯電話端末、デジカメ、ステレオ、プリンター、ゲーム機、電子レンジ、電気カミソリ等ですが、ほとんどリサイクルされず埋め立てられていました。これらにはアルミ、貴金属、レアメタル等が含まれていますが、世界的な資源制約を背景としてこうした資源のリサイクルが喫緊の課題となり、2013年に小型家電リサイクル法（使用済小型電子機器等の再資源化の促進に関する法律）が制定されました。

　この法律は、使用済小型電子機器等の再資源化事業を行おうとする者が、再資源化事業計画を作成し、主務大臣の認定を受けることで、再資源化に必要な行為について廃棄物処理法の許可を不要とし、再資源化事業を促進しようというものです（小型家電リサイクル法10条、13条）。対象品目は効率的な運搬が可能であって再資源化が特に必要なものとして28品目指定されています。消費者が分別して排出したものを市町村が収集し認定事業者へ引き渡します。認定事業者は、引き取った小型電子機器等について中間処理や金属回収等の再資源化に必要なことを行います。なお、2021年に示された基本方針では、リサイクルの量の目標として、2023年までに1年当たり14万トン（一人当たり1kg）、回収率約20％とされています。

⑩ シップリサイクル

　船舶のリサイクルについては、シップリサイクル条約（2009年の船舶の安全かつ環境上適正な再資源化のための香港国際条約、Hong Kong International Convention for the Safe and Environmentally Sound Recycling of Ships, 2009）が国際海事機関（IMO：International

Maritime Organization）で2009年5月に採択されました。これは船舶の解体が多く途上国で行われ、環境汚染や労働者の事故等が発生していたこと、廃棄物となる時点が不明確など船舶の性質上有害廃棄物の規制に係る既存の枠組みの適用が困難であることなどから求められたものでした。条約の内容は各締約国に対し船舶の適正な再資源化の確保を義務付けるものです。具体的には、船舶での有害物質含有装置等の使用制限、船舶の旗国による有害物質目録の確認・証書発給、要件に適合した船舶の再資源化施設の許可、船舶ごとの再資源化計画の承認などにより、不適切な船舶解体を防ぐというものです。

　日本としては2018年にシップリサイクル法（船舶の再資源化解体の適正な実施に関する法律）を制定し、2019年3月にこの条約に加盟しています。法律の概要は、①船舶所有者は船舶に含まれる有害物質の一覧表を作成し、国土交通大臣の確認を受けること、②船舶の再資源化解体を行おうとする者は主務大臣の許可を必要とすること、③再資源化解体事業者が船舶の譲受等を行おうとするときは再資源化解体計画を作成し、主務大臣の承認を必要とすること等が定められています。この法律の施行は条約の発効の日とされています。この条約は2025年6月25日に発効することになっています。

⑪ プラスチックリサイクル

ア　海洋プラスチック問題

　以上のように循環型社会の形成を目指して、容器包装リサイクル法、家電リサイクル法等の法律が整備され、使用済物品のリサイクルや熱回収が進められてきましたが、これらはいずれも製品の品目に着目した取組みを促すものです。しかしながら、プラスチックやガラスなど素材に着目してみた場合には質的、量的にも十分なリサイクルが実現

できていないのではないかとの議論がありました。

　こうした中、海洋プラスチックごみ問題は世界的に大きな課題となりました。2016年のいわゆるダボス会議が契機と言われています。海洋中に存在するプラスチックの量が2050年には魚の量を超えるとの試算が発表され世界の注目を集めました。2017年にハンブルグで行われたG20の会議で「海洋ごみ行動計画」が採択され、2018年のカナダのシャルルボアで行われたG7の会議で「海洋プラスチック憲章」が採択されました。この憲章に日本は署名しませんでしたが、国内的な議論が十分でなかったと言います。そこで2019年6月に大阪で開催されたG20の会議では、2050年までに海洋プラスチックごみによる追加的な汚染をゼロにまで削減するという「大阪ブルーオーシャンビジョン」が各国で共有され、「G20海洋ごみ行動計画」に沿って各国の具体的な行動を促進するための「G20海洋プラスチックごみ対策実施枠組み」についてG20首脳の支持が得られました。

コラム

ダボス会議

　ダボス会議は世界経済フォーラムの年次総会のことでスイスのダボスで毎年開かれています。世界経済フォーラムは世界的な経済人、政治家、学者等が連携して、世界情勢の改善に取り組むことを目的にした国際機関で、1971年に設立されています。その年次総会では世界的に活躍する経済人や政治家、学者等が一堂に会して、毎年、直近の世界的な課題について議論が行われています。

イ　プラスチック資源循環戦略

　こうした世界的な取組みに対応し、素材のうち特にプラスチックについてはその対策を進めるため、2019年5月には「プラスチック資源循環戦略」が取りまとめられました。レジ袋の有料化を含むリデュースやプラスチック製容器包装のリユース・リサイクルの目標等を定め、海洋プラスチック対策を盛り込んだものです。これに関連して2020年6月には「今後のプラスチック資源循環施策」（**図表13−7**）が取りまとめられ、さらに2021年6月には新法としてプラスチック資源循環促進法（プラスチックに係る資源循環の促進等に関する法律（プラ循環法））が制定されました。

図表13−7　今後のプラスチック資源循環施策（令和3年1月29日）

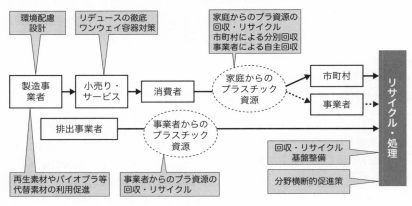

環境省HPより著者作成

プラスチック資源循環戦略

　プラスチック循環戦略では、プラスチック製品等の使用については、①ワンウェイ製品等の使用の合理化等使われる資源を減らし、②製品の原料等を適切に再生材や再生可能資源に切り替え、③できる限り長期間使用し、④使用後は循環利用を図ること、としています。特に可燃ごみの指定収集袋など焼却せざるを得ないプラスチックについてもバイオマスプラスチックを最大限活用するとともに熱回収することとしています。そのうえで、こうしたことを基本原則として、動脈側、静脈側ともに資源循環産業の発展を通じて持続可能な発展に貢献することを狙いとしています。

　プラスチック循環戦略の展開にあたっての目指すべきマイルストーン等も設定されています。①リデュースについては、レジ袋有料化等により2030年までにワンウェイプラスチックの排出を25％抑制する、②リユース・リサイクルについては、効果的な分別回収リサイクルや漁具等の陸域回収、国内資源循環体制の構築、イノベーションの促進等により、㋐2050年までにプラスチック製品等のデザインを分別容易でリユース可能、リサイクル可能なものにする、㋑2030年までにプラスチック製容器包装の6割をリユース・リサイクルする、㋒2035年までに使用済プラスチックをリユース・リサイクルする、熱回収を含め100％有効利用する、③再生利用・バイオマスプラスチックについては、利用ポテンシャルの向上や政府調達等による需要喚起を図るとともに可燃ごみ袋に指定するなどによるバイオプラスチックの導入促進を図り、㋐2030年までにプラスチックの再生利用を倍増する、㋑2030年までにバイオマスプラスチックを最大200万トン導入する、ということです。そのほか、④海洋プラスチック対策として、ポイ捨てや不法投棄を撲滅し、スクラブ製品のマイクロビーズの削減等マイクロプラスチック対策を進めるとともに海岸漂着物の回収等を進める、⑤その他、途上国支援や地球規模でのモニタリングの実施等国際展開するとともに社会システムの確立等の基盤整備を進める、としています。

コラム

海洋プラスチック憲章

　「海洋プラスチック憲章」についてはカナダ、フランス、イギリス、ドイツ、イタリア、EUがコミットしていますが、日本とアメリカは署名していません。内容は、①持続可能なデザイン・生産等として、2030年までに100%のプラスチックがリユース・リサイクル又は回収可能となるよう産業界と協力、使い捨てプラスチックの大幅な削減、2030年までにプラスチック製品中のリサイクル素材の割合を50%増加させるため産業界と協力、マイクロプラスチック発生源に対処するため産業界と協力、②回収・管理等のシステム・インフラとして、2030年までにプラスチック包装の55%をリサイクル・リユースし、2040年までにすべてのプラスチックの回収、プラスチックのすべての発生源における海洋環境への流出防止、サプライチェーン全体へのアプローチを奨励しプラスチックの無駄を防止、脆弱地域における海洋ごみ対処のための国際的行動と投資の加速、そのほかにも③持続可能なライフスタイル・教育、④研究・イノベーション・新技術、⑤沿岸・海岸線でのアクションなどです。なお、ここでのマイクロプラスチックとは5mm以下の微細なプラスチックのことですが、食物連鎖により含有・吸着する化学物質等の大型動物への影響が懸念されています。一次的なものは洗顔料、歯磨き粉等のスクラブ剤等に利用されるいわゆるマイクロビーズ、二次的なものは大きなプラスチックが自然の中で細分化されたものです。

ウ　プラスチック資源循環促進法

　プラスチック資源循環促進法では、まず、プラスチックの資源循環の促進を総合的・計画的に図るために基本方針を策定することとし、その中で㋐プラスチック廃棄物の排出抑制、再資源化に資する環境配慮設計、㋑ワンウェイプラスチックの使用の合理化、㋒プラスチック廃棄物の分別収集・自主回収・再資源化について明らかにすることとしています（プラ循環法3条）。そのうえで個別の措置ですが、ライフサイクル全体のプラスチックの流れに沿って、①製造・設計段階、

②販売・提供段階、③排出・回収・リサイクル段階に分けて具体的に規定しています。

　はじめに①製造・設計段階ですが、製造業者等が努めるべき環境配慮設計に関する指針を定め、その認定する仕組みを設けています（プラ循環法7条、8条）。認定製品についてはグリーン購入法での配慮を定め、国が率先して調達し、認定製品の使用促進も図っています（プラ循環法10条）。次に②販売・提供段階ですが、ワンウェイプラスチック提供事業者が排出抑制等のために取り組むべき「判断の基準」を定め、事業者に使用の合理化に取り組むことを求めています。この仕組みは容器包装リサイクル法の「判断の基準」同様、事業者の取組みによっては指導・助言、多く提供する事業者へは勧告・公表・命令の措置を設けています（プラ循環法28条〜30条）。さらに③排出・回収・リサイクル段階では、まず、㋐市町村による再商品化の取組みを進めるため、容器包装リサイクル法によるルートを活用することが定められ（プラ循環法31条、32条）、さらに事業者が市町村と連携して策定した再商品化計画の認定制度が設けられ、認定計画のプラスチック容器包装廃棄物は容器包装リサイクル法の分別基準適合物とみなされ、事業者の再商品化を後押ししています（プラ循環法33条〜37条）。次に㋑製造・販売事業者による取組みを進めるため、自主回収・再資源化の計画の認定制度を設け、認定計画による再資源化等の必要な行為について廃棄物処理法の許可なく行うことができるようにしています（プラ循環法39条〜41条）。最後に㋒排出事業者についても取り組むべき「判断の基準」を定め、排出削減や再資源化の取組みが促進されるよう排出事業者への指導・助言、多量排出者への勧告・公表・命令制度も設けられています（プラ循環法44条〜46条）。再資源化計画の認定により再資源化に必要な行為を廃棄物処理法の許可なくできる措置も設けられています（プラ循環法48条〜50条）。

索　引

著者紹介

鷺坂　長美（さぎさか　おさみ）

1956年、愛知県生まれ。東京大学法学部卒業後、旧自治省入省。消防庁救急救助課長等を経て、2001年省庁再編に伴い環境省へ。環境計画課長、大臣官房総務課長、水・大気環境局長を歴任。2012年から2020年まで早稲田大学法学部にて、環境法の講師を務める。現在は、小澤英明法律事務所にて、環境法の顧問を務める。

いちからわかる
廃棄物処理法～基礎から実践まで～

令和4年6月30日　第1刷発行
令和6年3月30日　第5刷発行

著　者　鷺坂　長美

発　行　株式会社ぎょうせい

〒136-8575　東京都江東区新木場1-18-11
URL：https://gyosei.jp

フリーコール　0120-953-431

ぎょうせい　お問い合わせ　検索　https://gyosei.jp/inquiry/

〈検印省略〉

印刷　ぎょうせいデジタル株式会社　　　©2022 Printed in Japan
※乱丁・落丁本はお取り替えいたします。
ISBN978-4-324-11126-0
(5108795-00-000)
〔略号：いちから廃棄物〕